你一定要懂的科技知识

王贵水　编著

北京工业大学出版社

图书在版编目（CIP）数据

你一定要懂的科技知识／王贵水编著. —北京：
北京工业大学出版社，2015.2（2021.5 重印）
ISBN 978-7-5639-4180-3

Ⅰ.①你…　Ⅱ.①王…　Ⅲ.①科学技术—普及读物
Ⅳ.①Z228

中国版本图书馆 CIP 数据核字（2014）第 303302 号

你一定要懂的科技知识

编　　著：王贵水
责任编辑：李周辉
封面设计：泓润书装
出版发行：北京工业大学出版社
　　　　　（北京市朝阳区平乐园 100 号　邮编：100124）
　　　　　010-67391722（传真）　　bgdcbs@ sina. com
出 版 人：郝　勇
经销单位：全国各地新华书店
承印单位：天津海德伟业印务有限公司
开　　本：700 毫米×1000 毫米　1/16
印　　张：11.5
字　　数：104 千字
版　　次：2015 年 2 月第 1 版
印　　次：2021 年 5 月第 2 次印刷
标准书号：ISBN 978-7-5639-4180-3
定　　价：28.00 元

前　言

　　科学技术是生产力，让更多的人掌握丰富的科技知识，正是推动社会向前发展的巨大动力。当前，人们正处在一个社会发展突飞猛进的新时代，随着社会的不断进步、科学技术的不断发展、人民生活水平的不断提高，信息在急剧膨胀，知识在快速更新。

　　面对社会日新月异的变化，人们开始了思索：如何去面对难以预知的未来？为了适应时代的变化，将如何建立科学的知识结构？人生的挑战不仅严峻而且纷纭繁复，又将如何去迎接？

　　置身在一个充满求知渴望、充满探索和追求的非常时期，要想积极进取、勇往直前，就得始终沿着知识发展的轨迹，满怀信心地打开新知识的大门，从知识的宝库里吸取丰富的营养，用智慧去探索无穷的世界，以坚韧不拔的精神来达到追求的目标，充满激情地从前辈大师们积累的智慧宝囊里通过汲取精华、感悟人生、坚定信念。你要明白一个道理：科学技术的发展，就需要在不断地寻求中发现和了解世界的新现象，创造性地研究和掌握新规律，并在不懈地追求真理中，不断地努力拼搏和奋斗。

　　在新的时代里，随着高科技领域新技术的不断发展，科技知识的重要地位越来越凸显。纵观人类社会的发展，科学技术的每一次重大突破，都会引起社会巨大变革和社会的巨大进步。而且，在科技渗透经济发展和社会生活各个领域的今天，科技更是成为推动社会前进和发展的关键因素和具有决定性的力量。

的确，无论是人类日常生活中的衣食住行，还是促进人类进步的工农业发展，乃至维护国家安全的国防事业，无不闪烁着科学技术所散发的光芒。科技强则国家强，科技进步则国家进步。想当年闭关自守的泱泱大国，被列强所蹂躏，其根本原因就是因为大国的大刀长矛抵挡不过枪炮子弹，就是因为缺乏科技的元素，才使泱泱大国演唱着一曲曲悲凉凄婉的长恨歌……

即便生活在和平年代，失去了科技的助力，生活也将黯淡无光，试想那种"烽火连三月，家书抵万金"的时代，如果拥有了网络与手机，那将是何等美妙、何等惬意、何等让人欣喜欲狂；试想那种"披星戴月昼夜行，日走百里累死人"的年代，又哪有借助飞机、高铁、火车、汽车而"坐地日行八万里，千里江陵一日还"来得潇洒。

当然，天下事总是有一利必有一弊，科技发展固然给人类带来新奇，带来了惊喜，带来了便利，也带来了悲哀、带来了灾难、带来了遗憾。科技发展带来经济的腾飞，有时也会带来污染；高科技的核武器，给敌人带来威慑，然而也给地球带来毁灭性的灾难的隐患。

如何趋利避害、化害为利，这就需要掌握更多的科技知识，本书正是出于这一目的，从浩瀚的知识海洋中撷取精华，分门别类地对各种知识进行分析介绍。向朋友们打开了一扇心灵的窗口，让人们在知识的天地里遨游、畅想；为朋友们搭建一架智慧的天梯，让人们在知识时空中探幽寻觅。

本书涵盖大量科技知识，是一本富有特色的科普读物。内容包括现代物理、新信息技术、现代生命与生物新技术、能源新技术、航空航天新技术、军事技术等各个方面，它用通俗的科普语言介绍最新科技知识，能使广大读者朋友在尽可能短的时间里了解现代科技发展的新动态，对提高广大读者的科技素养具有积极的现实意义。

目　录

第三章 现代生命与生物技术

第四章　现代医学那些神奇的技术

第五章　给生活带来便利的高新材料技术

第六章　航空航天技术

第一章

科技与信息时代

　　21 世纪是一个信息的时代，也是知识经济的时代，更是科学技术飞速发展的时代。在这个伟大的时代里，谁拥有了最先进的科学技术的最高端的信息技术，也就拥有掌握世界，在这个强者如云、竞争激烈的时代里，永远立于不败之地的能力。

光纤通信技术

　　光纤通信技术是利用激光波作为信息载波、光导纤维作为载体的通信技术，是伴随着激光技术的发展，从 20 世纪 70 年代初发展起来的一门崭新的通信技术。采用光波传递信息，其通信容量比同轴电缆大几十万倍。由于光波在大气中的传播损耗及受大气变化的影响较大，为了保证光波畅通无阻，需要使光波信息沿着特殊的线路传输。1970 年，美国康宁公司发明了光学损耗很低的光学纤维，解决了光波损耗的问题，光纤通信从此得到了飞速的发展。20 世纪 80 年代中后期又实现了 1.55 微米单模光纤通信系统，即第四代光纤通信系统。20 世纪末至 21 世纪初发明了第五代光纤通信系统，用光波分复用提高速率，用光波放大增长传输距离的系统，光孤子通信系统可以获得极高的速率，在该系统中加上光纤放大器有可能实现极高速率和极长距离的光纤通信。

　　光纤通信系统由发送、传播、接收三部分组成。在发送端由电光转换器将需要传输的电信息符号变换为光信息符号，使光源辐射的光波由电信息符号调制成携带着信息的光波。这种光波再通过光纤传输到接收端。接收端由光电探测器将接收到的光信号变回电信号。由此可见，在光纤通信系统中光电子器件和光导纤维起着极其重要的作用。

　　就光纤通信技术本身来说，应该包括以下几个主要部分：光纤光缆技术、光交换技术传输技术、光有源器件、光无源器件及光网络技术等。

在 20 世纪 80 年代中期，数字光纤通信的速率已达到 144 Mb/s，可传送 1980 路电话，超过同轴电缆载波。于是，光纤通信作为主流被大量采用，在传输干线上全面取代电缆。经过国家"六五""七五""八五"和"九五"计划，中国已建成"八纵八横"干线网，连通全国各省区市。光纤通信已成为中国通信的主要手段。在国家科技部、计委、经委的安排下，1999 年，中国生产的 8×2.5 Gb/s WDM 系统首次在青岛至大连开通；随之，沈阳至大连的 32×2.5 Gb/s WDM 光纤通信系统开通。2005 年，3.2 Tb/s 超大容量的光纤通信系统在上海至杭州开通。

中国已建立了一定规模的光纤通信产业。中国生产的光纤光缆、半导体光电子器件和光纤通信系统能供国内建设，并有少量出口。

对光纤通信而言，超高速度、超大容量和超长距离传输一直是人们追求的目标，而全光网络也是人们不懈追求的梦想。

1. 波分复用系统

超大容量、超长距离传输技术波分复用技术极大地提高了光纤传输系统的传输容量，在未来跨海光传输系统中有广阔的应用前景。波分复用系统发展迅猛。6 Tb/s 的 WDM 系统已经大量应用，同时全光传输距离也在大幅扩展。提高传输容量的另一种途径是采用光时分复用（OTDM）技术，与 WDM 通过增加单根光纤中传输的信道数业提高其传输容量不同，OTDM 技术是通过提高单信道速率来提高传输容量，其实现的单信道最高速率达 640 Gb/s。

2. 光孤子通信

光孤子是一种特殊的 ps 数量级的超短光脉冲，由于它在光纤的反常色散区，群速度色散和非线性效应相应平衡，因而经过光纤长距离传输后，波形和速度都保持不变。光孤子通信就是利用光孤子作为载体实现长距离无畸变的通信，在零误码的情况下信息传递可达万里之遥。

3. 全光网络

未来的高速通信网将是全光网。全光网是光纤通信技术发展的最高阶段，也是理想阶段。传统的光网络实现了节点间的全光化，但在网络节点处仍采用电器件，限制了通信网干线总容量的进一步提高。因此，真正的全光网已成为一个非常重要的课题。全光网络以光节点代替电节点，节点之间也是全光化，信息始终以光的形式进行传输与交换，交换机对用户信息的处理不再按比特进行，而是根据其波长来决定路由。

人机交互技术

用户界面也称人机接口，是电脑系统与用户之间的综合操作环境。它的目标是向用户提供更加友好的人机交互环境。

20 世纪 80 年代，以图形用户界面（GUI）为主的人机交互技术出现了"百花齐放"的局面。所谓 GUI 意指：应用系统的用户界面由窗口、菜单、按钮等图形组成，用户对电脑操作亦是对图形的操作。20 世纪 90 年代，人机交互技术得到更加迅猛的发展，使电脑在用户面前变得更加亲切、友好、自然。

　　人机交互技术的新发展，表现在各种新型交互工具、设备的不断涌现上。目前在图形用户界面中得到广泛使用的设备是鼠标。在鼠标定位技术的基础上，人们又开发了新型的触感定位技术，它能用人的各种触感来控制和定位屏幕光标，如跟踪球、定位器、触瞬、触垫等。笔输入技术是另一种新型人机交互技术，它引入了新的"手语符"的概念。通过它，用户可以用笔在屏幕上以书写标准笔画的方式来操作电脑。目前，这种输入技术在便携机领域取得了很大的发展，笔控便携机正成为引人注目的焦点。

　　人机交互技术的新发展还表现在多媒体技术的发展与成熟上。多媒体化的用户界面正成为人机界面发展的下一个热点。在多媒体化的人机界面环境下，动画、视频图像在屏幕上显示，同时配有伴音和解说，人机之间则以问答式对话进行直观和自然的交流，这种图、文、声并茂的交流方式使人机交流更富有感情色彩。

　　人机交互技术的新发展更表现在新思想、新概念、新系统的不断涌现上。目前，备受专家注目的一个新系统就是施乐公司新近研制出的被称为"信息显像器"的交互式系统。它引入了一个全新的概念——"房间"，即用一组互相连接在一起的三维"房间"制造出一种信息工作间，在这个"信息工作间"中操作电脑是十分直观而且是十分方便的。

人机交互技术是目前用户界面研究中发展得最快的领域之一，对此，各国都十分重视。美国在国家关键技术中，将人机界面列为信息技术中与软件和计算机并列的六项关键技术之一，并称其为"对计算机工业有着突出的重要性，对其他工业也是很重要的"。在美国国防关键技术中，人机界面不仅是软件技术中的重要内容之一，而且是与计算机和软件技术并列的关键技术之一。

人机交互技术已经取得了不少研究成果，不少产品已经问世。侧重多媒体技术的有：触摸式显示屏实现的"桌面"计算机，能够随意折叠的柔性显示屏制造的电子书，从电影院搬进客厅指日可待的 3D 显示器，使用红绿蓝光激光二极管的视网膜成像显示器；侧重多通道技术的有："汉王笔"手写汉字识别系统，结合在微软的 Tablet PC 操作系统中数字墨水技术，广泛应用于 Office/XP 的中文版等办公、应用软件中的 IBM/Via Voice 连续中文语音识别系统，输入设备为摄像机、图像采集卡的手势识别技术，以 iPhone 手机为代表的可支持更复杂的姿势识别的多触点式触摸屏技术，以及 iPhone 中基于传感器的捕捉用户意图的隐式输入技术。

人机交互技术领域热点技术的应用潜力已经开始展现，比如智能手机配备的地理空间跟踪技术，应用于可穿戴式计算机、隐身技术、浸入式游戏等的动作识别技术，应用于虚拟现实、遥控机器人及远程医疗等的触觉交互技术，应用于呼叫路由、家庭自动化及语音拨号等场合的语音识别技术，对于有语言障碍的人士的无声语音识别，应用于广告、网站、产品目录、杂志效用测试的眼动跟踪技术，针对有语言和行动障碍人开发的"意念轮椅"采用的基于脑电波的人机界面技术等。热点技术的应用开发是机遇也是挑战，基于视觉的手势识别率低，实时性差，需要研究各种算法来改善识别的精度和速度，眼睛虹膜、掌纹、笔迹、步态、语音、唇读、人脸、DNA 等人类特征的研发应用也正受到关注，多通道的整合也是人机交互的热点，另外，与"无所不在的计算""云计算"等相关技术的融合与促进也需要继续探索。

遥感探测新技术

遥感一词来源于英语"Remote Sensing"，其直译为"遥远的感知"，是 20 世纪 60 年代发展起来的一门对地观测的综合性技术。遥感技术开始时为航空遥感，美国自 1972 年发射了第一颗陆地卫星后，就标志着航天遥感时代的开始。20 世纪 80 年代以来，遥感技术得到了长足的发展，遥感技术的应用也日趋广泛。经过几十年的迅速发展，遥感技术已广泛应用于资源环境、气象、水文、地质地理等领域，成为一门实用的、先进的空间探测技术。

遥感作为一门对地观测综合性技术，它的出现和发展既是人们认识和探索自然界的客观需要。更有其他技术手段与之无法比拟的特点。

遥感是利用遥感器从空中来探测地面物体性质的，它根据不同物体对波谱产生不同响应的原理，识别地面上各类地物。具有遥远感知事物的意思，也就是利用地面上空的飞船、飞机、卫星等飞行物上的遥感器收集地面数据资料，并从中获取信息。经记录、传送、分析和判读来识别地上物体。

遥感技术获取信息的周期短、速度快，能动态反映地面事物的变化。由于卫星围绕地球运转，能周期性、重复地对同一地区进行对地观测，从而及时获取所经地区的各种自然现象的最新资料。尤其是在监视自然灾害、天气状况、环境污染甚至军事目标等方面，遥感的运用就显得格外重要，这是人工实地测量和航空摄影测量无法比拟的。

遥感探测能在较短的时间内，从空中乃至宇宙空间对大范围地区进行对地观测，遥感用航摄飞机飞行高度为 10 000 米左右，而陆地卫星的卫星轨道高度仅为 91 万米左右，一张陆地卫星图像，其覆盖面积可达 30 000 多平方千米。这些有价值的遥感数据拓展了人们的视觉空间，为宏观地掌握地面事物的现状情况创造了极为有利的条件，同时为研究自然现象和规律提供了宝贵的第一手资料。这种先进的技术手段与传统的手工作业相比是不可替代的。

在地球上有很多地方，自然条件极为恶劣，人类难以到达，如沙漠、沼泽、高山峻岭等。采用不受地面条件限制的遥感技术，特别是航天遥感可方便及时地获取各种宝贵资料。

利用遥感技术获取信息信息量大、手段多，根据不同的任务，遥感技术可选用不同波段和遥感仪器来获取信息。例如可采用可见光探测物体，也可采用红外线、紫外线和微波探测物体。利用不同波段对物体不同的穿透性，还可获取地物内部信息。例如地面深层、冰层下的水体、水的下层、沙漠下面的地物特性等，微波波段还可以全天候地工作。

据《中国科学报》2013年2月27日第4版报道：中国中科院上海技术物理研究所研究员王建宇领衔完成的"多维精细超光谱遥感成像探测技术"将应用在探月工程嫦娥三号月球车上，这表明中国遥感成像探测技术获重要突破。同时，该成果已先后应用在载人航天目标飞行器、"高分辨率对地观测"重大专项和国家重大科学工程的基础建设中，引领了中国航空遥感系统多传感器集成技术的发展。

光学遥感成像是当前航空航天遥感和测绘领域最主要的技术手段，超光谱成像和三维成像技术是其重要组成部分。王建宇团队在国际上率先提出多维精细超光谱遥感成像探测技术及系列解决方法，发明了以"主被动同步采集＋多维度信息融合＋时空维信号增强＋多手段精细分光"为特色的多维精细超光谱遥感成像探测技术，在各项指标均达国际先进水平的前提下，解决了高空间分辨率、高光谱分辨率、高辐射灵敏度和宽视场遥感信息同时获取的世界难题；将高分辨率超光谱遥感成像和三维激光测高有机结合，实现被测目标光谱和三维空间信息准确匹配，同时获取空间三维、光谱及灰度五维信息。

目前，中国的多维遥感集成系统已先后在遥感制图、铁路勘探、考古探测、海洋、核电站排水、农业、城市安全监测等领域得到应用，并出口马来西亚，经济效益达 5.59 亿元。

目前，遥感技术已广泛应用于农业、林业、海洋、地质、气象、军事、水文、环保等领域。

信息高速公路

大家知道，信息高速公路其实不是公路，它不过是"全国性信息基础设施"的一种通俗说法。它的主要目标是解决大容量、高速度信息的传输、存取和处理。其主要构成因素有：

（1）信息资料源：包括各种各样的信息库，如影视资料库、管理数据库、图书文档库、科技信息库、商贸信息库、证券股票金融行情库、医疗保健信息库等；

（2）信息设施：包括各种传输、处理、利用信息的各种设备，如摄录、存贮、传输、交换、计算、控制、显示和自动化等的各种设备；

（3）信息系统：主要指各种各样的应用信息系统和软件系统，如行政管理、经济贸易、远地多媒体数字、远地医疗会诊等信息系统；

（4）信息网络；

（5）信息主体：主要指种各样的信息资源的开发者、提供者、管理者和利用者。

由此可见，信息高速公路是一项规模巨大的社会、经济、科技、教育的系统工程。它不仅能促进国民经济的发展，并将改变人们学习、工作、生活及交往的方式。

当然，建设信息高速公路不是一件容易的事。它是一项规模、耗资、社会与经济意义都很大，涉及面又很广的超级项目。1992年，美国总统候选人克林顿提出将建设"信息高速公路"作为振兴美国经济的一项重要措施。1993年，"信息高速公路"成为美国政府的建设计划。紧随美国的信息高速公路计划之后，欧盟、加拿大、俄罗斯、日本等纷纷效仿，相继提出各自的信息高速公路计划，投入巨资实施国家的信息基础设施建设，一场建设信息高速公路的热潮在世界范围内涌动。

信息高速公路是社会、科技、经济和文化发展的必然产物，它不仅能促进国民经济的发展，而且将给每个家庭带来实惠。信息业和娱乐业都会利用这项系统工程，使电视机像计算机那样相互沟通，像电话同人的关系那样密切。

人们通过连接网络的高分辨率电视，获得更大更清晰的图像。你坐在家里，就可以接受"远距离教学"。例如一个城市中的所有学生都可以收看来自该地区的最有才华的教师讲授的物理课，学生们还可以利用这种网络来请他们的老师和同学辅导他们做家庭作业。

你通过遥控器，可以浏览电视屏幕上可收看的影片目录，并选出其中的某个影片。当你打开电视机就可以从头开始收看影片，而且还可以暂停或倒卷影片，就像利用盒式录像机收看录像带那样方便。

家庭购物网络可以给你带来方便。当你按下遥控器上的一个按钮时，电视屏幕上就会显示出一连串的商店名称和分类商品。将这些屏幕上的商品目录一页一页地看下去，以便确定你所感兴趣的范围。当你想看某些内容时，只要按一下按钮就可以得到更详细的信息后按下另外一个按钮，就可以订购你所想买的商品。

信息高速公路具有巨大的社会经济效益。据美国估计，美国建成信息高速公路之际，国民生产总值因其增加 3210 亿美元；实现家庭办公等将减少铁路公路和航运的工作量的 40%，也相应减少能源消耗和污染，光是汽车的废气排放量每年减少 1800 万吨；通过远距离教学和医疗诊断，节省大量时间和资金；劳动生产率将提高 20%～40%。

中国从改革开放以来，经济增长举世瞩目，但与发达国家相比，信息基础仍较薄弱。就三大网络而言，全国的电话普及率根据工业和信息化部近日发布的统计数据显示，截至 2014 年 8 月底，全国移动电话用户数已达到 12.7 亿户，其中 3G 用户 4.8 亿，4G 用户超过 3000 万户；互联网宽带接入用户达到 1.98 亿户，中国网民达到 6.41 亿，互联网上市企业市值突破 2.58 万亿元。2014 年上半年，中国信息消费规模达到 1.34 万亿元，同比增长 20%，信息消费逐渐成为推动中国经济增长的新亮点；电子商务交易规模达到 6.4 万亿元，同比增长 26.7%。

虚拟现实技术

虚拟现实技术，是以沉浸性、交互性和构想性为基本特征的计算机高级人机界面。它综合利用了计算机图形学、仿真技术、多媒体技术、人工智能技术、计算机网络技术、并行处理技术和多传感器技术，模拟人的视觉、听觉、触觉等感觉器官功能，使人能够沉浸在计算机生成的虚拟境界中，并能够通过语言、手势等自然的方式与之进行实时交互，创建了一种拟人化的多维信息空间。使用者不仅能够通过虚拟现实系统感受到在客观物理世界中所经历的"身临其境"的逼真性，而且能够突破空间、时间以及其他客观限制，感受到真实世界中无法亲身经历的体验。

虚拟与现实两词具有相互矛盾的含义，因而要想给虚拟现实作一明确定义非常困难。虚拟现实，又称假想现实，意味着"用电子电脑合成的人工世界"。从此可以清楚地看到，这个领域与电脑技术具有不可分离的密切关系，信息科学是合成虚拟现实的基本前提。

生成虚拟现实需要解决以下三个主要问题：

（1）以假乱真的存在技术。即怎样合成对观察者的感觉器官来说与实际存在相一致的输入信息。

（2）相互作用。观察者怎样积极和能动地操作虚拟现实，以实现不同的视点景象或更高层次的感觉信息。

（3）自律性现实。感觉者如何在不意识到自己动作、行为的条件下得到栩栩如生的现实感。为了成功地开发这三大技术，虚拟现实必须处理好各个要素之间的相互关系。在这里，观察者、传感器、计算机仿真系统与显示系统构成了一个相互作用的闭环流程。

今天，虚拟现实已经发展成为一门涉及电脑图形学、精密传感机构、人机接口及实时图像处理等领域的综合性学科。同时，它在产业界和商业娱乐界得到了广泛应用。特别是其在远距离操作机器人上的应用，使大批智能机器人活跃在具有较大危害的原子能发电厂、化工车间、自然灾害现场及宇宙工作站。

虚拟技术如今被运用到科技、商业、医疗、娱乐等多个领域中。美国波音747的研制就是应用虚拟技术的典型例子。

比如在科技馆中，利用虚拟现实技术，人们可以真实再现外星球星体表面的地况，演示其结构和运动过程；还可以深入到天体内部，把天体内部的情况通过模拟图像展示出来，太阳内部的结构通过其他手段是很难展示的，但通过虚拟现实技术，却可以逼真地表现出来。再比如在实验教育中，只有公众亲自动手进行探索与实践，通过实践培养创造性思维，传播科学思想和科学方法才能更好地达到实验教育的目的。以往由于科技馆各种条件的限制，这一点往往是最难实现或代价很大的。而虚拟现实技术进行的虚拟实验，不但能产生视觉效果，还能够处理实时交互图形，具有图形以外的声音和触感。公众通过立体头盔、数据衣服和数据手套或三维鼠标操作传感装置，完全可以在虚拟世界充分感知信息，并进行选择。而且在不同的实验间切换，只需输入不同的处置方案即可，不需大量的置换外部元件。

在商业领域，虚拟技术常被用于推销。例如建筑工程投标时，把设计的方案用虚拟现实技术表现出来，便可把业主带入未来的建筑物里参观，如门的高度、窗户朝向、采光多少、屋内装饰等，都可以感同身受。它同样可用于旅游景点以及功能众多、用途多样的商品推销。因为用虚拟现实技术展现这类商品的魅力，比单用文字或图片宣传更加有吸引力。

在医疗领域，未来的手术医生在真正走向手术台前，需进行大量精细的训练。而虚拟现实系统可提供理想的培训平台，受训医生观察高分辨率三维人体图像，并通过触觉工作台模拟触觉，让受训者在切割组织时感受到器械的压力，使手术者操作的感觉就像在真实的人体上手术一样。既不会对病人造成生命危险，又可以重现高风险、低死亡概率的手术病例，可供培训对象反复练习。同时，虚拟现实技术可用病人的实际数据产生虚拟图像。在计算机中建立一个模拟环境，医生借助虚拟环境中的信息进行手术预演，以合理、定量制的制定手术方案，对于选择最佳手术路径、减小手术损伤、减少对临近组织损害、提高肿瘤定位精度、执行复杂外科手术和提高手术成功率等具有十分重要的意义。另外，利用三维重构技术开发的纯软件医学虚拟现实已经开发出许多虚拟内窥镜的软件，可以使医生的视线在病人体内甚至毛细血管中自由航行。这种动态的现实显示对临床诊断具有无比珍贵的价值。

娱乐行业是虚拟技术应用最广阔的用途。英国出售的一种滑雪模拟器：使用者身穿滑雪服、脚踩滑雪板、手拄滑雪棍、头上戴着头盔显示器，手脚上都装着传感器。虽然在室内，只要做着各种各样的滑雪动作，便可通过头盔式显示器，看到堆满皑皑白雪的高山、峡谷、悬崖陡壁，一一从身边掠过，其情景就和在滑雪场里进行真的滑雪所感觉的一样。虚拟现实技术不仅可以创造出虚拟场景，而且可以创造出虚拟主持人、虚拟歌星、虚拟演员。日本电视台推出的歌星 DiKi，不仅歌声迷人而且风度翩翩，引得无数歌迷纷纷倾倒，许多追星族欲亲睹其芳容，迫使电视台只好说明它不过是虚拟的歌星。美国迪斯尼公司还准备推出虚拟演员，这将使"演员"艺术青春常在、活力永存。明星片酬走向天价是人们希望使用虚拟演员的另一个原因。虚拟演员成为电影主角后，电影将成为软件产业的一个分支，各软件公司将开发数不胜数的虚拟演员软件供人选购。固然，在幽默和人情味上，虚拟演员在很长一段时间内甚至永远都无法同真演员相比，但它们的确能成为优秀演员。不久前，由计算机拍成的游戏节目《古墓丽影》片中的女主角入选全球知名人物，预示着虚拟演员时代即将来临。

城市规划一直是对全新的可视化技术需求最为迫切的领域之一，虚拟现实技术可以广泛地应用在城市规划的各个方面，并带来切实且可观的利益：展现规划方案虚拟现实系统的沉浸感和互动性不但能够给用户带来强烈、逼真的感官冲击，获得身临其境的体验，还可以通过其数据接口在实时的虚拟环境中随时获取项目的数据资料，方便大型复杂工程项目的规划、设计、投标、报批、管理，有利于设计与管理人员对各种规划设计方案进行辅助设计与方案评审。规避设计风险虚拟现实所建立的虚拟环境是由基于真实数据建立的数字模型组合而成，严格遵循工程项目设计的标准和要求建立逼真的三维场景，对规划项目进行真实的"再现"。

随着虚拟技术的发展和教育教学要求手段的不断提高，虚拟技术也开始走入教育领域，并且将成为未来的一种发展趋势。例如现今一些网络公司已经开发出"防灾减灾网上模拟体验馆"，利用游戏的方式让使用者（玩家）在欢乐之余学习防灾减灾的知识，该网上体验馆设置了"触电后如何自救""地震来临如何自救、逃生"等问题，提高了安全教育的效果。未来虚拟技术将更深入、更全面地走进教育领域。使人们在虚拟的现实状况中学会生存、发展的技能。虚拟技术也将利用逼真的效果来虚拟教育场景中的方方面面，使教育更加直观，效果更好。

在军事领域，美国、俄罗斯等国家已经在利用虚拟的网络游戏来练兵，这使得新兵能够在日常游戏训练中接触到模拟的真实场景，迅速掌握新式武器。随着军事技术的提高，虚拟技术将在军事领域发挥更大的作用。据美国媒体报道，美军从"红色风暴娱乐"、"互动魔力"和"时间线"等著名电脑游戏公司聘请了大批业内专家和高手，专为陆军和政府有关部门开发用于人员培训的电脑游戏，并应用于军事训练。自《美国陆军》游戏推出后，美国防部对第一个数字化师第4机步师的新兵培训情况进行了调查。结果约40%的新兵仅用两个月时间就熟练掌握了复杂的数字化主战装备。当问及原因时，新兵们回答：操作这些武器装备跟他们入伍前玩的游戏差不多。

原子芯片

美国科学家已经研制出一种能够像科幻小说中的射线枪那样喷射出原子流的装置，他们相信有朝一日这种装置会给计算机芯片制造带来革命。

研究人员在《科学》杂志发表的一则报道中介绍了这种名叫"原子激光器"的新装置，它的工作原理是把超低温状态的原子挤压成一束能够朝任何方向发射的原子束。

菲利普（美国该项目研究小组负责人）说："原子激光器的工作原理与光学激光器相似，只不过它发射出的是原子而非光子。"他说，眼下的用途将是制造测量和导航装置，这些装置的精确度最高可达到目前所使用的光学激光系统的10倍。

麻省理工学院研究人员在1997年首次研制出一台原子激光器，但是该装置所使用的技术只能让原子在重力的作用下向下溢出。它所发出的原子激光并不是一束狭窄的原子束，而像一滴向下滴的水珠。

麻省理工学院研究小组负责人沃尔夫冈·克特勒在《科学》杂志上撰文说，菲利普所采用的方法的长处是可以产生更加狭窄的原子束并能使之射向任何方向。

菲利普说，由于知道了如何利用激光束把原子加速到大约每秒 2.5 英寸的速度，他的小组把麻省理工学院的研究工作向前推进了一步。与光学激光器不同的是，原子激光器只有在射向真空时才能工作。如果原子激光器射向空气中，由于原子束中的原子与空气中的原子相遇，它所射出的原子束将会分裂。原子激光器有朝一日也许能用来制造极其微小的计算机芯片，甚至有可能一次一个原子地组装这些装置。

晶 体 芯 片

　　美国计算机专家称，他们已经向制造微型的超高速计算机，即所谓的分子计算机迈出了一大步。他们预言说，以晶体结构为基础的这一类计算机有朝一日将取代那些基于硅芯片的计算机，并且最终有可能使计算机变得很小，甚至能够编织到衣服之中。

　　它们运行所需的电力与目前的计算机相比将大大减少，并且有可能永久保存大量数据，从而使用户不必进行删除文档的操作，此外这些计算机或许还能免受计算机病毒、系统崩溃或其他故障的影响。

　　洛杉矶加州大学和惠普公司的研究小组制作出了一种分子"逻辑门"。它是计算机工作方式的基础。惠普公司计算机设计师菲尔·库埃克斯在接受电话采访时说："我们实际上制造出了用于计算机的最最简单的门——即逻辑门，这些逻辑门是管用的。"

逻辑门在"开"和"关"两种状态之间切换，产生代表信息单位"比特"的电压变化。晶体可以吸收以电荷形式存在的信息，并且以更为有效的方式对其进行组织。

库埃克斯说，利用这种分子技术制造的"芯片"的体积可以小到像尘埃颗粒一样。下一步将是构造芯片。与目前制造硅芯片时的芯片表面进行蚀刻不同，这些芯片的结构将通过电气方式下载获得。

但是目前可用的导线体积过大——比轮烷分子大很多，因此无法用于制造这样的芯片。库埃克斯说："因此下一步将是缩小导线的体积，直到其直径与轮烷分子相同，这样我们就将具备（芯片的）微型化技术。"他认为也许可以使用碳纳米管——即用纯碳制作的细长导管。碳纳米管又被称为"布基管"，它们十分纤细，直径与大多数分子相近或者更小。

会说话的网络浏览器

世界上最大的电脑制造商国际商用机器公司（IBM）于1999年2月3日推出一种会说话的网络浏览器，为盲人和视力受损的电脑用户进入网络提供了方便。

IBM公司说，这种与视窗软件匹配取名为"主页阅读器"的新软件，可以把在网址上找到的信息大声读出来，引导用户进入因特网。

这种新软件是在 IBM 公司下设的东京研究实验室一位盲人研究人员的帮助下开发出来的，每套零售价为 149 美元。

这种新软件目前有英语版和日语版两种。其他语种的版本也将上市。据美国全国盲人联合会提供的数字，美国的盲人数目超过 85 万人。

"主页阅读器"使用 IBM 公司生产的 Via Voice Out Loud 文本-语音转换技术和网景通信公司生产的导航者浏览器读出网络信息。IBM 公司说，盲人用户只需使用简单的键盘就可以同计算机交流，并且很容易进入因特网。

穿在身上的电脑

美国麻省理工学院媒体实验室最近组织了一次"可穿"电脑展览。各式展品表明，电脑有朝一日将完全与我们的生活融成一体。

这种被称为可穿型电脑的主体是系在皮带上的，能显示画面的屏幕尺寸很小，可嵌入普通的眼镜玻璃片内，其键盘亦很小，只要一只手就可灵活而正确地操纵。

展品中有一顶状似小丑的帽子，帽顶上藏有摄像镜头。把一张智能卡塞进一件夹克的口袋，夹克就会充气并改变颜色。背上一只背包，背带就成了扬声器系统。一个背心能把人们所说的话译成盲文，并显示在背心表面。

若干展品现在已经上市。牛仔服装集团施特劳斯公司展出了十几种能充当音乐合成器的牛仔夹克，这些夹克胸前的电子绣花可以作为键盘演奏。其他服装公司也展出了类似的产品。

日本和美国一样也在潜心研究这一类技术，他们将一受力就会产生电流的压电元件装入鞋底，利用走路时的冲击和振动发电，以使穿在身上的电脑能长时间使用。东京大学与美国麻省理工学院正合作制造能穿在身上的电脑医用装置，以便对病人进行 24 小时屏幕健康观察。美国波音公司与卡内基-梅隆大学正在研究如何将可穿型电脑迅速应用于航天器及成套设备等复杂机器的维修及保养上。据悉，美国国防部准备将这项技术用于军事领域，使指挥官能通过可穿型电脑向士兵发出作战和攻击的指令。IBM 公司公布了一项更惊人的新技术：用人体取代电线。只要一握手，就能与对方进行信息交流和数据交换。

为使可穿型电脑日趋实用，除了提高电源的性能，减轻设备的重量与体积外，还要开发出全新的基本软件。

当然，一切技术难题都解决以后，还有一个问题，那就是公众是否接受可穿在身上的电脑仍不得而知。但新技术的倡导者们认为，可穿型电脑有一天可能像今天的移动电脑和随身听一样普及。

能识别手势的电脑

一种能够识别手势语并将其转换成屏幕显示文本的软件，可以使失聪者更容易、更自然地利用电脑同别人交流。加拿大魁北克省舍布鲁克大学的研究人员开发了一种能够识别国际手势语的系统。这种系统可以通过手势把组成单词的每个字母拼出来。

这种系统识别国际手势语的成功率高达 96％。由于每个人的手势略有不同，如果使用这种神经网络系统的人经过培训，可以使这种系统发挥的作用达到最佳效果。这种系统通过快速工作站识别一个手势需要半秒钟，研究人员尚未能使它达到最佳识别速度。研究人员相信，他们通过使这种系统具备可以检验容易出错的手势，能够进一步提高识别的准确性。

这种系统用摄像机捕捉每个手势，再由软件进行一系列处理。第一阶段是"边缘测定"，即绘制出手的轮廓。然后由系统确定手的长轴和短轴，以便确定手势的确切方向。

在这个基础上，程序对手指相对于手的长轴的变化和方向加以测量。得出的信息被输入神经网络程序，程序通过与现有训练数据加以比较，对字母最有可能表达的含意做出猜测。一旦电脑识别出手势所要表达的意思，就把相关的字母显示在屏幕上。

研究人员说，由于这个系统采用的是实时交流方式，其反应速度是相当快的。

微软研究院联合华盛顿大学研发出了一种名为 Sound Wave 的系统，该系统可利用计算机内置的麦克风和扬声器，提供与 Kinect 类似的对象识别及手势识别功能，而其方法原理则与潜艇对声呐的应用方式基本相同。

从技术上而言，该系统利用了多普勒效应来侦测计算机附近的运动和手势。学过高中物理的诸位应该知道，声音的频率的改变与音源及听者之间的距离有关。大家应该都很熟悉警笛呼啸而过时的那种声音的变化情况。而 SoundWave 则将计算机的内置扬声器用作超声波（18～22 kHz）发射源，其频率会随着你的手或身体的位置的变化而变化。然后，计算机的内置麦克风会测量这一频率变化，并把参数告诉一套相当复杂的软件，由该软件计算出手势和动作。很显然，Sound Wave 相对于 Kinect 之类系统的最大优势在于其使用的是已有的、已经商品化的硬件（试问现在还有没有扬声器和麦克风的电脑吗），可以有效地将每台笔记本电脑变成手势识别接口。不过由于 SoundWave 只有一个音源和麦克风，跟 Kinect、SonyMove 和 WiiMotion 之类相比，缺乏精确度高的 3D 感知能力等。

能"听懂"指令的电脑

未来，奔驰豪华汽车的驾驶者可用声音来操纵车上的电话、收音机和激光唱机，不用动手，只要动口，车上的声控电脑将执行驾驶者的命令。

西方各国正竞相研制声控电脑，并将其投入各个应用领域，奔驰汽车使用的声控系统只是其中一例，它由同属奔驰集团的德国航空航天公司（DASA）研制，可运用于不同的目的。

美国国际商用机器公司（IBM）在德国的子公司也研制了一套电脑用语音识别系统，词汇量更大且价格便宜。这一系统能把每秒钟内输入的声音分割成 100 个单位，然后逐个与原来"训练"时的记忆进行比较，然后"听懂"指令的意思，其识别力目前已达到 95％。它的缺点是只能"听懂"主人的声音，而且主人每说一个词必须作短暂的停顿。该公司宣布，将于最短的时间克服上述缺点。

日本三菱集团研制的声控电脑，其词汇容量可达 10 万，且可用于各种语言，缺点是价格过高。由于电脑硬件价格迅速下降，它的销售前景仍然看好。

德国 30 个科研单位目前正在政府的资助下集中全力开发声控翻译机，争取早日使第一台拥有 3000 词汇的德—日语言翻译机问世。

水声通信技术

水声通信是一项在水下收发信息的技术。水下通信有多种方法，但是最常用的是使用水声换能器。

水声通信水下通信非常困难，主要是由于通道的多径效应、时变效应、可用频宽窄、信号衰减严重，特别是在长距离传输中。水下通信相比有线通信来说速率非常低，因为水下通信采用的是声波而非无线电波。常见的水声通信方法是采用扩频通信技术，如 CDMA 等。

水声通信技术的发展已经较为成熟，国外很多机构都已研制出水声通信 Modem，通信方式主要有 OFDM、扩频及其他一些调制方式。此外，水声通信技术已发展到网络化的阶段，将无线电中的网络技术（Ad Hoc）应用到水声通信网络中，可以在海洋里实现全方位、立体化通信（可以与 AUV、UUV 等无人设备结合使用），但只有少数国家试验成功。

这是国际上高水平的技术，在远距离水里能清楚地接收到语音信号，世界上也只有极少数军事强国才能办到。水声通信机使用的是模拟信号，可是海洋中的波浪、鱼类、舰船等产生噪声，使海洋中的声场极为混乱，声波在海水中传递时产生"多途径干扰信号"这一较大的难题，导致接收到的信号模糊不清。

半个世纪以来，水声领域的专家对这一难题一直束手无策，老式的模拟水声通信机一直沿用至今。由于数字通信的产生，陆地上的信号干扰被成功解决，水声领域的专家也开始了在该领域进行探索。

　　中国厦门大学以许克平教授为首的这个课题组出色地完成了国家交给他们的 863 项目，已经成功解决了在 10 千米之内水下信号相互清晰的传递，他们这个系统已达到实用要求。这个系统的工作原理是首先将文字、语音、图像等信息，通过电发送机转换成电信号，并由编码器将信息数字化处理后，换能器又将电信号转换为声信号。声信号通过水这一介质，将信息传递到接收换能器，这时声信号又转换为电信号，解码器将数字信息破译后，电接收机才将信息变成声音、文字及图像。他们认真分析了目前世界上抗多途干扰的几种方法，最后一致认为还是采用电磁波抗干扰的手段——跳频通信，它既能抗多途径干扰又能保证信息安全。

　　因为海水成分很复杂，所以声波传递时就被吸收了一部分，而且频率越高吸收就越厉害，对于频率低的声波海水反而吸收少。专家测得结果，声波频率在 4000 Hz 左右为远距离传递的最佳频率，而用 4000 Hz 的频率去实现跳频通信，频点与频点之间的距离就很小了。

　　如果电磁波的跳频技术用在海中，频率资源充足的情况下传输一组信号，频率相差大时，电路内部处理的时候，就用两个不同频率表示 1 和 0，相当于颜色相差大，如赤、橙、黄、绿、青、蓝、紫这一组信号代表一个文字，碰到干扰后虽然到达的时间不一致，但由于颜色区别大也就是频率相差大，接收方就容易辨认了，这样就解决了信号干扰问题。经过攻关他们研制出一个全新的跳频技术，终于成功解决了多途径干扰问题。因为语音传输是水声通信最难攻克的瓶颈问题，要求精确度极高，难度也最大，语音传输成功的实现，使这个项目完全成功了。

课题组又迎接了新一轮的挑战，投入远距离50千米以外的数字式语音和图像传递，以及数字式彩色图像传递的工作中。目前，该课题组在该方向上的研究成果接近或达到国际先进水平。所研制的语音水声通信机、图像传输样机和水声数据遥测设备，可望组成水下多媒体信息传输系统，不久的将来，可望形成水下、陆地和空间的三维信息网。

神奇的生物电脑

很多人惊叹钱钟书先生超凡的记忆力。据说有人从图书馆随便翻出什么古典文集来，钱钟书都能准确无误地复述其内容。20世纪的人，只能为之兴叹，称之为天才；但是，生活在21世纪的人们就有可能与钱钟书在记忆力上一试高低。这种可能性来自即将成为21世纪人类生活新伙伴的生物电脑。生物技术与计算机技术联姻的生物电脑成为计算机发展的一个新的突破口。生物电脑就是利用生物分子代替硅，实现更大规模的高度集成。

生物电脑的另一个显著特点就是存储量极大。单个的细菌细胞，大小只有 1 微米见方，与一个硅晶体管的尺寸差不多，但是却能成为容纳超过 1M 字节的 DNA 存储器。生物芯片快捷而准确，可以直接接受人脑的指挥，成为人脑的外延或扩充部分，它以从人体细胞吸收营养的方式来补充能量。

生物电脑将能用来改善和增强人的记忆力。英国电信研究所所长科克伦甚至感慨道："想想拥有一个真正快速处理数据和记忆的大脑吧，它不会曲解，不会老化。我们将不会忘掉任何东西，也可以加工一切信息……"

生物电脑最终会促使电脑与人脑的融合。目前最新一代实验计算机正在模拟人类的大脑。英国剑桥大学研究发现了"生物电路"，一些蛋白质的主要功能不是构成生物的某些结构，而是用于传输和处理信息。人们正努力寻找神经元与硅芯片之间的相似处，研制基于神经网络的计算机。尽管目前研制出来的最先进的神经网络拥有的智力还非常有限，但大多数科学家认为，仿生计算机是未来发展之路。国外有科学家预言，到 2020 年，运算速度更快的生物计算机将取代硅芯片。

生物计算机能够如同人脑那样进行思维、推理，能认识文字、图形，能理解人的语言，因而可以成为人们生活中最好的伙伴，担任各种工作，如可应用于通信、卫星导航、工业控制领域，发挥它重要的作用。美国贝尔实验室生物计算机部的物理学家们正在研制由芯片构成的人造耳朵和人造视网膜，这项技术的成功有望使聋盲人康复。

生物电脑的成熟应用还需要一段时间，但是目前科学家已研制出生物电脑的主要部件———生物芯片。美国明尼苏达州立大学已经研制成世界上第一个"分子电路"，由"分子导线"组成的显微电路只有目前计算机电路的千分之一。

战胜人类的深蓝电脑

深蓝电脑是由美国卡内基-梅隆大学的许峰雄博士开发的。1997年6月，IBM制造的名叫"深蓝"的电脑以2胜3平1负的成绩战胜了俄罗斯的国际象棋大师卡西帕罗夫，受到了全世界的关注。从而成为首个在标准比赛时限内击败国际象棋世界冠军的电脑系统。

象棋电脑是人工智能的最早研究领域之一。早在1957年，诺贝尔奖和图灵奖获得者赫伯特·西蒙就预测象棋电脑有可能在1967年成为世界冠军。这一目标多花了30年才完成。在这期间，众多的探索算法，程序和象棋电脑问世。深蓝不是创新的产物，而是在过去的研究成果基础上研制出来的。深蓝的主要设计者在1989年进入IBM公司以前，在加拿大和美国的大学从事象棋电脑的研究多年。

深蓝采用由32台IBMRS/6000支撑的500个象棋芯片进行并行探索。这些芯片实现盘面估值计算和步骤的生成。深蓝的棋力也归功于它的软件部分。深蓝里装有 60 万个国际大师们对局的棋谱，这庞大的数据库大大增强了深蓝在终局中的判断能力。

深蓝的胜利主要依靠它的蛮力。它的模式识别能力还远远比不上人。人类的下一个目标是制造能战胜围棋名人的围棋电脑。这一目标可能需要更长时间才能完成，因为围棋的探索空间比象棋大得多，需要更高的模式识别能力。

第二章

神奇的现代物理学

现代物理学所涉及的物理学领域包括量子力学与相对论，与牛顿力学为核心的经典物理学相异。现代物理研究的对象有时小于原子或分子尺寸，用来描述微观世界的物理现象。爱因斯坦创立的相对论经常被视为现代物理学的范畴。

关于宇宙的新解释

　　世界著名科学家斯蒂芬·霍金曾在德国参加一次弦论会议时说，与原先的预料相比，利用所谓的"万物至理"来解释宇宙将需要经过更长一些时间。

　　弦论是一种认为所有物质、甚至时间和空间本身都是由微小的能量环组成的理论。在 20 世纪 80 年代，弦论还不那么为人所知的时候，霍金曾经说过，20 年内这一理论得到证明的可能性是一半。现在他不那么肯定了。

　　霍金说："尽管过去 20 年里我们取得了巨大的进步，但看来我们并没有更加接近于实现我们的目标。"现在他认为，实现这一目标可能还需要 20 年。

　　一些科学家希望弦论可以把物理学上的两种理论即爱因斯坦的广义相对论和量子理论合二为一。广义相对论解释的是空间和时间的宏观结构，而量子力学解释的是物质和能量的基本性质。问题在于，尽管这两种理论在各自的范围内能够十分出色地解释宇宙，但是它们并不能互相包容。

　　事实上，它们很可能都不正确。它们可能是一种范围更大的、意义更为深远的理论的一部分。弦论很可能成为这样一种"包罗万象的"理论，但绝不是唯一的一种。

　　离开德国之后，爱因斯坦在普林斯顿大学继续从事所谓的统一理论的研究，但他一直没有找到答案。不过据霍金说，统一理论也许不能提供放之四海而皆准的答案。霍金说："也许根本不存在能够同时适用于不同答案的理论，这就如同根本没有一张能够包括整个世界的地图一样。"他说："我们不了解宇宙的起源，不了解我们为什么会在这儿。一个完整的统一理论可能不会带来很多实际的好处，但是它将回答那个古老的问题。"

新兴的介观物理学

介观物理学是研究介于纳米和微米尺度之间结构的物理学。科学家在这个尺度范围内进行了激动人心的研究，设计出了亚微观电子器件和亚微观机械器件。制造如此微小的电子元件需要量子力学知识，所以这些研究一般横跨物理学和工程两大领域。这些研究未来可用于制造随着血液来清除动脉阻塞的机器人"医生"、亚微观驱动器、亚微观建筑工人和可置于针尖的超级计算机。工作在这个领域的物理学家、工程师和化学家正在为我们规划和制造着未来的精彩世界。

通常的宏观体系均由大量的微观粒子所组成，随着科学技术的飞速发展，对物质的超导电性不仅在理论上进行了深入研究，而且在实际中进行了应用。但这只是在宏观尺度上量子力学现象的表现。而量子理论的一个历史性的成功是正确地指出了晶体的电阻是由于各种无规则的分布，并破坏了其晶格周期性的因素引起的。这些因素可以归纳为杂质和声子（即晶格振动）。这些足够无序的杂质会使一个导体的输送性质变成绝缘体的特性。例如正常导线的电阻与其长度成正比；但有足够杂质的导线的电阻却是随长度按指数规律分配。因而用宏观系统已无法解释其现象。在这种背景下，便出现了一门新兴的学科——介观物理。

介观物理是研究介观体系中一系列物理现象的一种学科。其主要的内容包括：量子扩散区涉及的主要物理现象，正常金属环中的持续电流，微加工技术及器件应用、电子结构光学性质以及尺寸系统中人们较为关心的物理问题。介观物理基于介观体系，即是把尺度相当于或大于一个有物理意义的小尺度体系，该体系与宏观体系有显著的差别，其表现为它小到了失去宏观体系通常具有的自平均性。

由于目前微加工技术已到介观体系的尺度，随着尺寸的减少，传统的电子器件已日益接近它的工作原理的"物理极限"，进一步的发展有赖于对介观物理这一领域的深入认识，使介观物理的研究具有重要的应用背景。同时，由于材料科学技术的进步，以及人们对固体中载流子的认识的不断深入才出现了介观物理这一新的科学领域，它有着很重要的基础研究意义，也为进一步发展固体电子学提供了物理基础，成为凝聚态物理中近几年来发展得很快的研究热点。

粒子物理学

粒子物理学，又称高能物理学，它是研究比原子核更深层次的微观世界中物质的结构、性质，和在很高能量下这些物质相互转化及其产生原因和规律的物理学分支。粒子物理的大统一，2014 年 6 月发现天然的粒子统一的标准模型。在希格斯机制的天然场能效中，完美地将自然界的四种作用力，在四维维度的空间里相互生成、转换，生成自然界自我存在、自我组装、纯天然的量子粒子标准模型，自然界自我存在的正负电子对撞机制。

迄今，物理学从最基本的粒子夸克至对整个宇宙的认识，都有了重大的新进展。当人们思考着宇宙的时候，首先总想知道物质世界是由什么构成的，又是什么力量在维系着这样复杂的世界。目前，人们已经认识到，世界是由基本粒子组成的。实际上，"基本粒子"并不基本，因而被统称为粒子。现在已认识到，构成物质的最小组分是 12 种轻子——只参加弱相互作用、电磁相互作用而不参加强相互作用的费米子，36 种夸克——感受强作用力的带电粒子，12 种媒介子——传递相互作用的粒子，共计为 60 种。同时，已知道作用在物质上的所有复杂的力可归结为三种力，即：引力，是由引力子所传递的最弱的力，但在宇宙的大距离、大质量尺度上却是强有力的一种力；统一的电磁——弱力或电弱力，即以电磁力和弱力两种表现形式出现的同一基本力，由经受了实验检验的电弱统一理论描述的一种力；强力，由胶子携带并仅在原子核内夸克之间起作用的短程力，即将夸克胶结在一起的色力，它使原子核保持为一个整体。20 世纪 80 年代以来，世界上竞相建造了许多大型高能加速器，都是为了检验粒子物理学中的标准模型理论——弱相互作用、电磁相互作用的统一模型理论和强相互作用中的量子色动力学理论，以及寻找这种理论可应用的范围。

在 21 世纪里，粒子物理学仍然是前沿分支学科，仍将在空间尺度极小的方向上寻求物质组分，在时间尺度极短方向上探求粒子的行为，以及寻找支配物质行为的基本力。由于基本力之间在数学上的相似性，就提示着存在一种更基本的统一力的可能性，即所有的力可能是同一种基本力的不同表现形式，在建立了标准模型之后，仍然存在着很多疑难问题，因此，检验和发展标准模型理论、寻找超出于标准模型理论的新物理和新的基本规律就成为未来粒子物理学的主要发展方向。

目前，粒子物理已经深入到比强子更深一层次的物质的性质的研究。更高能量加速器（1 TeV，即 10^{12} eV 的质子加速器及 2×100 GeV 的正负电子对撞机）的建造，无疑将为粒子物理实验研究提供更有力的手段，有利于产生更多的新粒子，以弄清夸克的种类和轻子的种类，它们的性质，以及它们的可能的内部结构。

弱电相互作用统一理论目前取得的成功，特别是弱规范粒子 W＋、W－和 Z0 的发现，加强了人们对定域规范场理论作为相互作用的基本理论的信念，也为今后以高能轻子作为探针探讨强子的内部结构、夸克及胶子的性质以及强作用的性质提供了可靠的分析手段。但希格斯粒子是否存在的问题尚有待于继续澄清。

夸克之间强相互作用的一些根本性的重大问题，如囚禁、碎裂等，目前还没有解决，在今后一个时期，强相互作用将是粒子物理研究的一个重点。

把电磁作用、弱作用和强作用统一起来的大统一理论，近年来引起相当大的注意。但即使在最简单的模型中，也包含近20个无量纲的参数。这表明这种理论还包含着大量的现象性的成分，只是一个初步的尝试。它还要走相当长的一段路，才能成为一个有效的理论。

另外，从发展趋势来看粒子物理学的进展肯定会在宇宙演化的研究中起推进作用，这个方面的研究也将会是一个十分活跃的领域。

很重要的是，物理学是一门以实验为基础的科学，粒子物理学也不例外。因此，新的粒子加速原理和新的探测手段的出现，将是意义深远的。

新层次的核物理学

自从卢瑟福发现原子核的存在后，便开创了核物理学研究领域。20世纪中叶后，核物理学已取得了新进展。核物理学主要研究强相互作用的多体问题，即在多体问题的前提下，研究各式各样核子系统的结构、状态和相互作用，以及支配核内各核子运动的力——核子与核子力的规律。这一分支学科的发展仍充满着活力，同时也面临着两大困难，即尚未完全弄清楚核子与核子力问题及多体问题所固有的复杂性。尽管如此，核物理学仍有许多新的发现，并建立了一些新理论，如对核的巨共振现象的研究，不但可观察到巨单极共振、四极共振，还可观察到自旋共振、巨磁偶极共振、巨伽莫夫-泰勒共振和核颤动现象；而且，还发现新的放射性类型如缓发中子、质子、双质子、双中子发射；在理论上发展了多体问题的模型方法和严格的核多体理论。在重离子核物理学研究中有更大的进展，尤其是把低能加速器改成重离子加速器，使重离子达到亚相对论能量，从而大大地开拓了核物理学的研究范围。

　　在 21 世纪里，核物理学在新自由度和新的层次上扩展。在能量自由度方向上，将扩展到更高入射能、更高激发能、更高核温度区域。可以预言，在极高能密度时，将存在新的物质形态——夸克-胶子等离子体，这是一种具有极高密度的新的物质状态。在这种奇特物态下，夸克解禁，单个核子将不再存在，这类似于在宇宙早期或在现在的超新星爆发中可能存在的物质状态。在这一假设状态中，被约束在原子核中的质子和中子内的组分夸克和胶子，会在高能碰撞导致的高温高压条件下流聚在一起。在同位旋自由度方向上，向远离稳定线的两边拓广时，核物理学的实验和理论研究将在空前的广度上深化，实现新的突破。在自旋这一新的维度上开展高自旋态核结构研究，也将是一个十分活跃的领域。同时，在核的强相互作用环境中，验证和探索超出标准模型的规律，将是核物理和粒子物理共同的发展方向。

　　在现阶段，由于重离子加速技术的发展，已能有效地加速从氢到铀全部元素的离子，能量达到每核子 1×10^9 eV，扩充了变革原子核的手段，使重离子核物理研究有全面的发展。强束流的中、高能加速器不仅提供直接加速的离子流，还能提供诸如 π 介子、K 介子等次级粒子束，从另一方面扩充了研究原子核的手段，加速了高能核物理的发展。超导加速器将大大缩小加速器的尺寸，降低造价和运转费用，并提高束流的品质。

核物理实验方法和射线探测技术也有了新的发展。微处理机和数据获取与处理系统的改进，影响深远。过去，核过程中同时测定几个参量很困难；当前，一次记录几十个参量已很普遍。对一些高能重离子核反应，成千个探测器可同时工作，一次记录和处理几千个参量，以便对成千个放出的粒子进行测定和鉴别。一些专用的核技术设备都附有自动的数据处理系统，简化了操作，推广了使用。

核物理基础研究的主要目标有两个方面：

（1）通过核现象研究粒子的性质和作用，特别是核子间的相互作用。一些重要问题如中子的电偶极矩、中微子的质量和质子的寿命等都要通过低能核物理实验测定；粒子间相互作用的重要知识也可由中高能核物理提供。

（2）核多体系运动的研究。核多体系是运动形态很丰富的体系，过去主要研究了基态和低激发态的性质以及一些核反应机制，对于高自旋态、高激发态、大变形态及远离 β 稳定线核素等特殊运动形态的研究才刚开始，对基态和低激发态的实验知识也不足，远小于多体波函数提供的信息。核运动形态的研究将在相当长的时期内成为核物理基础研究的主要部分。

核技术的广泛应用是本阶段的重要特点。一方面，常用的小型加速器已投入工业生产，成千上万台加速器在研究所、大学、工厂和医院中运转，钴60放射源的使用更为普遍；另一方面，几乎没有一个核物理实验室不在从事核技术的应用研究。核技术应用主要有以下几个方面：

（1）为核能源的开发服务，为大型核电站到微型核电池提供更精确的数据和更有效的利用途径；

（2）同位素的应用，这是应用最广泛的核技术，包括同位素示踪、同位素仪表和同位素药剂等；

（3）射线辐照的应用，利用加速器及同位素辐射源，进行辐照加工、食品消毒保鲜、辐照育种、探伤以及放射医疗；

（4）中子束的应用，除利用中子衍射分析物质结构外，还用于辐照、掺杂、测井、探矿及生物效应，如治癌；

（5）离子束的应用，大量的加速器是为了提供离子束而设计的，离子注入技术是研究半导体物理和制备半导体器件的重要手段，离子束则是无损、快速、痕量分析的主要手段，特别是质子微米束对表面进行扫描分析，对元素含量的探测极限可达 $1 \times 10^{-15} \sim 1 \times 10^{-18}$ 克，是其他方法难以比拟的。

在原子核物理学诞生、壮大和巩固的过程中，核技术的应用使核物理基础的研究获得广泛的支持，后者又为前者不断开辟新的途径。这两方面的需要推进了粒子加速技术和核物理实验技术的发展；而这两门技术的新发展，又有力地促进了核物理的基础和应用的研究。这种相互推动、共同发展的趋势，将在核物理的新阶段中发挥日益巨大的作用。

第二章 神奇的现代物理学

核物理学的另一个目标就是利用粒子反冲技术造福人类，若成功研制小型加速器，人类将步入一个崭新的社会阶段。

凝聚态物理学

凝聚态物质由大量原子、分子以相当强的相互作用凝聚结合而成，包括固体、液体、液晶等物质形态。凝聚态物理研究对象含金属、半导体、超导体、超流体、准晶体、电介质、磁性物质等。目前，已形成了超导电性物理、晶体学、磁学、表面物理、固态发光物理、液态物理、极端条件下的物理等分支子学科，以及与化学、生命科学等交叉形成的交叉学科。

凝聚态物理学研究复杂多体系统，内容丰富，应用最广泛，并取得了重大的成就，如晶体管效应、量子霍尔效应、准晶态、高温氧化物超导体的发现都具有划时代的意义。

在 21 世纪里，凝聚态物理学将有更多的机会得到发展。这是由于凝聚态物质运动的复杂性、存在形式的多样性，因而存在着一系列最活跃的前沿领域和尚需解决的重大科学问题，如介观系统的物理特性，强关联多电子系统的基态和元激发，凝聚态多体系统中存在的服从分数统计的分数电荷元激发，自旋、电荷自由度分离的元激发，小量子系统和团簇系统的特性及新效应，非线性系统的行为，以及高温超导电性的机理等。

　　介观系统表现出一系列新的物理特性。在介观系统中，电子波函数的相干长度与体系的特征尺度相当，不能再把电子看成处在外场中运动的经典粒子，电子的波动性在运输过程中得以展现，导致普适电导涨落、非局域性电导等效应，突破了经典固体物理的若干观念。

　　高温超导机理研究仍将是活跃的前沿领域。高温超导体的研究虽已有了革命性的进展，但氧化物高温超导体的超导机制仍不清楚，这无疑是对固体物理理论的严重挑战。而且，它不仅涉及固体理论原有基本框架，还将对复杂多体系统的研究带来根本的影响。同时，高温超导现象还与物质磁性有着特殊的联系，也会给凝聚态物理带来很大的冲击。作为高温超导机制出发点的强关联多电子系统、重费米子系统等都得益于磁性物理。

混 沌 理 论

　　在井然有序的运动中，人们常能看到一些紊乱、无序的现象。不论是从自然到社会，还是从宏观世界到微观世界，紊乱和无序似乎无所不在。不论是宏观的经济失调，还是微观的企业倒闭；不论是人类心脏的纤维性颤动，还是脑电图的变化，都存在紊乱、无序现象，这就是混沌现象。

混沌的英文是"chaos"，其本意是紊乱、无次序、混乱，它是与有规律的现象相反的一种现象。

混沌现象是其表观的无序性和内在规律性的共同作用的结果，有以下特征：

（1）内部随机性和局部不稳定性。即混沌现象产生的根源在于系统的内部，由其内部的随机性和局部不稳定性决定的。

一般说来，产生混沌的系统具有整体稳定性，但它们与有序状态的区别在于它不仅具有整体稳定性，还有局部不稳定性。从数学上讲，则是微分方程对初值的"敏感性"，即系统的初始状态的微小差异有可能使结果产生巨大差别。

（2）分维性质。混沌运动的轨道在相空间中某个区域内无穷次的折叠，构成一个有无穷次自相似结构。这就是说从更高的角度观察混沌现象，会发现它从一种状态到另一种状态转变的规律性。

（3）标度律、普适性。在通常的混沌范围内，如果研究手段能达到足够高的精细的程度，人们就可以从中发现混杂的小尺度的有序运动花样。在混沌的转变过程中，出现某种标度不变性，可代替通常的空间或时间周期性，并存在将有关的数学手段进行进一步探讨研究的可能性，这种性质称为标度律。而普适性是指在趋向混沌时所表现出来的共同特征，它不依具体的系统和动力学方程而改变。

混沌现象是美国麻省理工学院的洛伦兹教授在1963年研究气象理论时发现的，近年来成为非常引人注目的研究热点，并建立了相应的混沌理论，目的就是要揭示貌似随机的现象背后可能隐藏的简单规律，以求发现一大类复杂问题普遍遵循的共同规律。

耗散结构理论

19世纪，平衡态热力学和统计物理学已经建立了。然而，在描述时间的问题上，热力学和动力学理论发生了根本的分歧。牛顿力学、量子力学和相对论力学描述的都是可逆过程，该过程是时间反演对称的；热力学第二定律指出，一个孤立系统朝着均匀、无序、趋于平衡态方向演化，即"时间箭头"指向熵增加的、不可逆转过程的方向，这实际上是一种退化的方向；而生物学描述的却是从无序到有序、从对称到对称破缺、从简单到复杂、从低级到高级、从无功能到有功能和多功能的有组织的方向演化，即向一种进行的方向演化；此外，动力学的规律是决定论的，而统计规律却是随机的、非决定论的。

上述这些矛盾，引起了许多科学家的极大研究兴趣。普里高津为此进行了近20年不懈的探索，终于在1967年得到了耗散结构这一中心概念，接着建立了耗散结构理论。

在现实世界普遍地存在着两类有序结构，即平衡有序结构和非平衡有序结构。第一类是在平衡条件下形成和维持的，而且是仅在分子水平上定义的有序结构；第二类是在非平衡条件下发生的，广泛存在于生命系统、社会系统和无生命系统之中。

第一类有序结构可以在玻尔兹曼有序原理的基础上得到解释，即从热力学第二定律和关于最可几构型的统计选择原理来解释。对第二类有序结构的解释，必须把非平衡热力学、非平衡统计物理学和动力学结合起来，引起新的观点和方法，才能在科学思想上产生突破。

耗散结构是许多系统共同存在的普遍现象，并有实验证明其存在性。

假定的超弦理论

在物理学研究中，统一场论的研究与微观粒子更深层次结构的研究已经结合起来。1981 年，英国物理学家 M. B. 格林和美国物理学家 J. H. 许瓦兹提出了超弦理论。

这是在玻色弦和费米弦理论基础上提出的一种同时具有十维时空超对称性和二维弦空间超对称性的弦理论，其目的是要统一描述强、弱、电磁和引力这四种基本相互作用。超弦理论假定有一种更深层次的微观粒子，它是某种"弦"。但这种弦不是定义在普遍的物理空间的时间中，而是定义在另一种二维内部"时空"中，即"弦空间"中。从普通物理空间看，微观粒子是一个点，没有结构，但从二维弦空间看，微观粒子不再是一个点，而是一根弦。只有当弦的张力趋向无穷大，弦才收缩成一个点，这时即便从弦空间看，微观粒子也是一个点，从而过渡到通常的点粒子理论。由于边界条件不同，"弦"在弦空间的振动模式也不相同。原则上每种弦的振动都有无穷多种模式，在量子化后，一定模式的振动对应一定质量、自旋的微观粒子，如，引力子、规范玻色子、夸克和轻子等，都是弦在弦空间中振动的不同模式。

从几何拓扑上看，弦可以分为两类：一类叫开弦，它像一条线段，有两个端点；另一类叫闭弦，像个圆圈，没有端点。超弦理论中的"弦"，从概念上说与上面谈的弦十分相似，也分为开弦和闭弦两种。闭弦可描写引力相互作用；开弦可以描写规范场传递的相互作用，包括强相互作用、弱相互作用和电磁相互作用。目前，已提出三种类型的超弦理论，还有待理论上的深入研究和实验上的验证，但它作为有可能把四种基本相互作用统一起来的探索，成为粒子物理学理论最活跃的研究方向。

如果说超弦理论的第一次革命统一了量子力学和广义相对论，那么近年来发生的弦理论的第二次革命则统一了五种不同的弦理论和十一维超引力，预言了一个更大的 M 理论的存在，揭示了相互作用和时空的一些本质，并暗示了时间和空间并不是最基本的，而是从一些更基本的量导出或演化形成的。M 理论如果成功，那将会是一场人类对时空概念、时空维数等认识的革命，其深刻程度不亚于 19 世纪的两场物理学革命。

从科学研究本身看，研究引力的量子化及其与其他互相作用力的统一是自爱因斯坦以来国际著名物理学家的梦想，但由于该理论涉及的能量极高，不能进行直接实验验证。尽管如此，一些技术和方法的发展，启发了很多新的物理思想，如解决能量等级问题的 Randall－Sundrum 模型和引力局域化，关于弦理论巨量可能真空的图景想法和人择原理，等等。

近期，天文和宇宙学观察所取得的进展对弦理论的发展会起积极的促进作用。比如，近期观察的宇宙加速膨胀所暗示的一个很小的但大于零的宇宙学常数（或暗能量），为弦理论目前的发展提供了指导作用。反过来说，要在更深层次上理解近期的天体物理学观察和暗能量，没有一个基本的量子引力理论是行不通的，弦理论是目前仅有的量子引力理论的理想候选者。二者的结合不仅对弦理论的自身发展有着指导作用，同时对理解和解释宇宙学观察也有很大的促进作用。

在超弦的第一、第二次革命，以及随后的快速发展中，中国都未能在国际上起到应有的作用。中国在研究的整体水平上，与国际如印度、日本、韩国相比都有一定的差距。学术界对弦理论的认识存在较大的分歧，一些有影响的物理学家，基于某种判断，公开地发表"弦理论不是物理"的观点。受他们的身份和地位的影响，这种观点在中国更容易被大多数人接受，因而在某种程度上制约了弦理论在中国的研究和发展。

从教育和人才培养上看，中国的世界一流大学如北大、清华，在相当长的一个时期内都严重缺乏主要从事弦理论研究的人才，这种局面间接地制约了青年研究生的专业选择，直接地造成了国内研究队伍的青黄不接。

值得庆幸的是，在丘成桐教授的直接推动下，伴随着浙江大学数学科学中心的成立，以及随后该中心和中国科学院晨兴数学中心每年举办的多次高水平专业会议，并邀请像安地·斯特罗明格这样一流水平的学者到中心工作，大大地推动了国内弦理论方面的研究。

2002 年底在中国科技大学成立的交叉学科理论研究中心，目前已经发展为非常活跃和具有吸引力的研究中心。成立 4 年来，通过多次举办工作周和暑期学校，在超弦理论的人才培养和研究方面做了许多基础性工作。在这次国际弦理论会议之前，国际理论物理中心和中国科学院交叉学科理论研究中心还举办了"亚太地区超弦理论暑期学校"，吸引了100 多名参加者。

这种种现象都表明，中国的超弦理论研究，在平静的外表下，正积蓄着旺盛的爆发潜力。很显然，一个国家或一个研究团体的整体水平，与这个国家将会在科研上出现的突破性进展的机会是成正比的，这就是所谓"东方不亮西方亮"的道理，也是所谓科学研究文化的建设重要性所在。忽略科学研究文化的建设，单纯追求诺贝尔奖，是一种急功近利的态度，其结果往往是"欲速则不达"。

摆在超弦理论研究面前的，是一幅广阔的前景和一条艰难的道路，这是一条热闹又孤独的旅程，它所涉及的问题对年轻的学生和学者，有着强大的魅力，同时对研究人员的专业素养有着很高的要求。中国人正在为弦理论的第三次革命作准备，也期待着它的早日到来。

第二章　神奇的现代物理学

多种多样的基本粒子

物质的基本粒子是指构成物质的最基本组分，其本义是指内部结构不可再分的物质的基本单元。在 20 世纪初，随着实验上对原子论的证实，人们认为原子是物质的基本组分。但随着原子核在 1911 年的发现，以及中子在 1932 年的发现，人们认识到原子是由质子、中子和电子构成的，原子不再是物质的基本组分。在这以后，把光子、电子、中微子、质子、中子和陆续大量发现的介子和共振态粒子称为基本粒子。

到目前为止，已发现的基本粒子已达 400 多种。早期人们曾经按基本粒子的大小进行分类，后来发现这种分类方法有不足之处，因为质量只表现了粒子一方面的特征，随着研究的深入，人们发现除质量外，还有电荷、寿命、自旋等许多标识粒子的物理量。现在一般按它们参与相互作用的种类进行分类，至今人们认识到的最基本的相互作用有四种：引力相互作用、电磁相互作用、强相互作用和弱相互作用。

所有的粒子，都有与其质量、寿命、自旋、同位旋相同，但电荷、重子数、轻子数、奇异数等量子数异号的粒子存在，称为该种粒子的反粒子。电子的反粒子——正电子，最早是由 P. A. M. 狄克在理论上预言的，随后在 1932 年在实验上由 C. D. 德森等予以证实。质子的反粒子——反质子是 1955 年被发现的。迄今，已经发现了几乎所有相对于强作用来说较稳定的粒子的反粒子。

既然每种基本粒子都有各自相应的反粒子，由此推测一种反物质的存在是可能的。宇宙间是否在什么地方存在着反物质，数量有多大，虽然人类已在太空中进行探索，但目前仍然一无所知。

基本粒子数目的大大增加，使人们认识到它们也不可能是最基本的组分。1964 年，盖耳曼等人提出，基本粒子都是由更基本的夸克粒子组成，并提出有三种夸克以及相应的三种反夸克。目前人们间接证明夸克连同对应的反夸克共有 12 种。随着更高能量加速器的建成，人类对基本粒子的认识也必将愈加深刻。

力学不确定度关系

在古典力学中，运动物体具有确定的轨道，任何一个时刻物体的运动状态可以用在轨道上确定的位置和动量来描述，这意味着物体可以同时具有确定的位置和动量。

但是，在微观世界中，由于物质粒子具有波粒二象性，人们就不能用实验手段同时确定微观粒子的动量和位置。这时微观粒子的位置和动量都存在不确定性，是以某种概率分布函数的形式出现的。根据微观粒子的这一新的特性，海森堡导出了一个重要结果，即"不确定度关系"（或称"不确定关系""海森堡原理")。

海森堡的不确定度关系是微观粒子波粒二象性的另一种表现方式。这一关系说明：不可能同时测准一个粒子的位置和动量，位置测得越准，动量必然测得越不准；动量测得越准，位置必然测得越不准。不确定度关系的表达式是：

$$\Delta q = (<q^2> - <q>^2)^{1/2}$$

式中，"$<\ >$"符号代表力学量平均值。量子力学中微观粒子的不确定度关系式，说明了用古典力学描述微观粒子运动所存在的局限性，即古典力学的适用范围，划分了古典力学和量子力学的界限。

分子物理现象服从量子力学和量子电动力学所反映的规律，用量子力学解释原子结构、分子结构、宏观物体结构的性质都很成功，用量子力学和量子电动力学来分析处理简单的分子，得到的结果和实验结果相符合。但是，要用量子力学解释微观电磁现象，如原子放出光子或吸收光子，光子和电子相互碰撞的过程，电子或正电子相遇而转化为光子的过程等，量子力学就不够了，必须用量子电动力学。量子电动力学经受了非常精密的实验的严格检验，非常成功。可是用量子力学和量子电动力学处理复杂的分子，数学上非常复杂和困难，很难得到比较准确的结果。X射线衍射技术、中子衍射技术、激光技术等的发展，为研究分子提供了有力的实验手段，生命物质内部的分子结构非常复杂，但应用现有的实验技术已经能够对它们的结构包括细胞内染色体中携带遗传密码的分子结构进行详细的分析，分了物理的实验研究正在取得进展。

长久以来，不确定性原理与另一种类似的物理效应（称为观察者效应）时常会被混淆在一起。观察者效应指出，对于系统的测量不可避免地会影响到这系统。为了解释量子不确定性，海森堡的表述所援用的是量子层级的观察者效应。之后，物理学者渐渐发觉，肯纳德的表述所涉及的不确定性原理是所有类波系统的内秉性质，它之所以会出现于量子力学完全是因为量子物体的波粒二象性，实际表现出量子系统的基础性质，而不是对于当今科技实验观测能力的定量评估。在这里特别强调，测量不是只有实验观察者参与的过程，而是经典物体与量子物体之间的相互作用，不论是否有任何观察者参与这过程。

　　类似的不确定性关系式也存在于能量和时间、角动量和角度等物理量之间。由于不确定性原理是量子力学的重要结果，很多一般实验都时常会涉及关于它的一些问题。有些实验会特别检验这个原理或类似的原理。例如，检验发生于超导系统或量子光学系统的"数字-相位不确定性原理"。对于不确定性原理的相关研究可以用来发展引力波干涉仪所需要的低噪声科技。

颜色炫目的液晶

　　液晶是"液态晶体"之意。有人称它为固、液、气三态之外物质存在的第四种状态，介于固态和液态之间。典型的液晶分子一般具有棒状或盘状的空间结构，结构上的特点使其一方面具有液体的流动性，另一方面又具有晶体的一些物理性质。液晶奇异的特性，使它在 20 世纪得到了迅猛发展，成为当今研究的热点问题之一。

按液晶形成的物理条件，液晶可分为溶致液晶和热致液晶两大类，溶致液晶大量存在于生物体内，在生命活动中起着重要的作用。

"它（液晶）反射出孔雀翎般炫目的颜色"，液晶的发现者之一这样描述着。最早被发现的液晶因为具有螺旋结构，对于光线具有选择反射特性，而这种选择反射特性对于温度较为敏感，在不同温度时反射光的颜色会有所不同。将这种液晶涂于物体的表面，就能直观地反映其表面温度的变化。

液晶既具有液体的流动性，又具有晶体的光学各向异性。液晶分子的排列状态对加在其上的电场和磁场较为敏感。将液晶注入两块透明的导电玻璃之间，并使其中的液晶分子按适当的方式排列，人们就制成了液晶显示器。在两块导电玻璃上加电压后，液晶分子的排列状态就会改变，从而导致通过它的光的状态发生变化而实现显示。为了实现良好的显示，液晶显示器一般还有一些附件如偏振片、背光源和彩色膜等。

液晶显示器体积小、重量轻、低功耗和低驱动电压使其易于与大规模集成电路匹配。在目前，液晶显示器在诸如笔记本电脑等应用中的地位仍是不可替代的。新的液晶材料和液晶器件仍在不断涌现，一般的液晶显示器早已超过 56 英寸，各项性能都可以和阴极射线管显示器相比，在塑料基底上制造的液晶显示器甚至还可以让人将它卷起来。毫无疑问，低功耗的轻便显示器与高度集成的电子和通信技术的完美结合，必将深刻地改变 21 世纪的生活。

来自天外的宇宙线

宇宙线是一种来自宇宙空间的微观粒子，又称宇宙射线，包括带电、不带电的粒子及各种射线。宇宙线是 20 世纪 20 年代发现的。最初发现的宇宙线只是带电粒子，其中有电子即射线、质子等。后来又发现 X 射线和许多其他粒子，如各种介子、中微子等。

宇宙线是天体的活动形成的，如超新星的大爆炸脉冲星、某些核电星系核、类星体等。宇宙线的能量很高，但辐射强度低，非常有利于科学研究，是粒子物理和天文学家们竞相研究的对象。

20 世纪 80 年代，对构成物质的基本粒子的研究与天文宇宙学联系起来。一方面，人们利用宇宙线探测的粒子证据来证实或排除某些新粒子存在的可能性。事实上，20 世纪初新发现的许多基本粒子都是首先在宇宙线的研究中发现的；另一方面，通过宇宙线中某些粒子的研究了解宇宙变化的信息。宇宙线中的中微子穿透能力强，与外界的作用小，它带来了产生宇宙线的天体的变化信息。研究中微子的变化可以了解太阳及其他恒星辐射的内部信息，由此形成了中微子天文学。通过粒子物理和宇宙学的共同研究，增进了人们对整个宇宙及基本粒子的了解，同时也有望得到有关宇宙形成的历史。

到达地球的宇宙线受地球环境条件作用而变化。在海平面，主要是中微子和 μ 子。高能粒子与大气中的粒子作用而变化，引起核反应，宇宙线的变化也带来了地球环境变化的信息。例如，宇宙线中的 X 射线大部分被大气臭氧层吸收，而不能到达地球地面。近年来由于冰箱空调等氟利昂制冷剂的大量使用，破坏了臭氧层，在南极上空形成了较大的臭氧空洞，使达到地球表面的 X 射线大大增加，严重影响了人类和动植物的生活以至生存。

宇宙线的研究在中国很早就开始了。1954 年，中科院近代物理研究所在云南落雪山建造了中国第一个高山宇宙线实验室。到 1957 年收集到了 700 多种奇异粒子，其中从铝核和铅核的衰变事例中说明了诺贝尔奖获得者、美籍华人李政道和杨振宁提出的"宇称不守恒"的存在。1958 年至 1965 年间在张文裕、肖健等的领导下，在落雪山建设了新的宇宙线高山站。后来，宇宙线高山站人员迁回北京。2002 年 6 月，高能所在相关研究机构的基础上成立粒子天体物理中心。在五十余年的历史中，著名物理学家张文裕、王淦昌、肖健等院士曾任本室主任，著名物理学家钱三强、何泽慧院士始终关心并置身于本室的科学研究。

今天，人类仍然不能准确说出宇宙射线是由什么地方产生的，但普遍认为它们可能来自超新星爆发、来自遥远的活动星系；它们无偿地为地球带来了日地空间环境的宝贵信息。科学家希望接收这些射线来观测和研究它们的起源和宇宙环境中的微观变幻。

宇宙射线的研究已逐渐成为天体物理学研究的一个重要领域，许多科学家都试图解开宇宙射线之谜。可是一直到现在，人们都并没有完全了解宇宙射线的起源。一般认为，宇宙射线的产生可能与超新星爆发有关。对此，一部分科学家认为，宇宙射线产生于超新星大爆发的时刻，"死亡"的恒星在爆发之时放射出大能量的带电粒子流，射向宇宙空间；另一种说法则认为宇宙射线来自于爆发之后超新星的残骸。

不管最终的定论将会如何，科学家们总是把极大的热情投入到宇宙射线的研究中去。关于为什么要研究宇宙射线，罗杰·柯莱在其著作《宇宙飞弹》给出了精辟的阐释：

"宇宙射线的研究已变成天体物理学的重要领域。尽管宇宙射线的起源至今未能确定，人们已普遍认为对宇宙射线的研究能获得宇宙绝大部分奇特环境中有关过程的大量信息：射电星系、类星体及围绕中子星和黑洞由流入物质形成的沸腾转动的吸积盘的知识。我们对这些天体物理学客体的理解还很粗浅，当今宇宙射线研究的主要推动力是渴望了解大自然为什么在这些天体上能产生如此超常能量的粒子。"

奇特的光电效应

1887 年，H. R. 赫兹在实验时发现了麦克斯韦预测的无线电波，证实了光的电磁理论，但他的另一项发现之后被证实与麦克斯韦理论相互矛盾。赫兹发现在他的无线发射与接收仪器模型中，第一组火花间隙所释放出的光，会加强第二组火花间隙产生的火花。而事实上，当他直接将灯照射在第二组空隙时，所产生的火花更是强烈。光似乎对流经第二组空隙的电流有影响。

对于上述赫兹的发现，由英国物理学家约翰·汤姆孙及德国物理学家菲利浦·勒纳的实验知道了真相，原因是"光会使金属表面的电子释放出来"。在赫兹实验中除了无线电波所产生的光外，被光照射后的第二组金属线圈产生了电子，这种电子加强了感应火花的强度。这个因为光引起电子释放的过程，即被称之为"光电效应"。

根据麦克斯韦的光波动理论，可预测到的是："若照射到金属表面的光强度增高，则金属表面释出的电子的速度会增快；光强度不变，只改变光频率，则释出电子的能量不变。"为了证实这个预测，菲利浦·勒纳着手探讨，在光电效应中，改变光的强度和频率，对释放出的电子究竟会造成什么影响。

结果令他很惊讶，他的发现居然和麦克斯韦光波理论的推测背道而驰，他发现增强光的强度并不影响所释放的电子的能量，但会使释出电子的数目增加；若改变光频率，则会影响释出电子的能量，频率降低时，所释出的电子数目相同，但其能量则降低了。

这个奇特的现象显然与长久以来广为接受的观念相互冲突，既然光是连续波，为什么菲利浦·勒纳的实验结果无法符合麦克斯韦的光波动理论？这个矛盾过了好多年都无人能破解，直到理论物理学家 A. 爱因斯坦才为这个谜题找出了答案，对光电效应作了解释，也促使物理学进入了另一个新纪元。

　　光电技术目前已广泛应用医疗手术、整形、祛斑美容等方面。在医疗手术方面，现在一些外科及内科手术中，会使用光电技术在手术中扮演切除、收口的角色。在传统手术中，运用手术刀切开身体组织，最常出现的问题就是出血，在止血及清理血液渗出方面增加了手术的难度与时间，运用光电技术可以快速且整齐严谨地切除身体组织，同时立即起到凝血的作用，避免创面出血，同时降低伤口感染的概率，现已被医院广泛应用。在整形美容方面，不同的光电技术能够去除色斑、色痣、皮肤疣体、皮赘等皮肤问题，同时嫩肤美白、抗老、收缩毛孔的效果也是众多美容仪器、技术、手术所比不上的，同时因应用广泛、操作方便、创面更小等特点在整形与美容医院广泛使用。

形形色色的电磁波

　　电磁波是电磁场的一种运动状态，这种运动以有限速度（即光速）在空间中行进。由于在交变场中电场和磁场互相依赖并同时存在，所以电磁波又常称为电波。科学实验证明，无线电波、红外线、可见光、紫外线、X 射线、γ 射线等都是电磁波，只是它们的频率（或波长）不同，具有不同的物理特性。

就相对频宽来说，可见光是一个很窄的频段，微波和 X 射线都比可见光的相对频带宽。在电磁波谱中，波长最长的是无线电波。按波长不同，无线电波又分为长波、短波、超短波或微波等。长波主要用于远洋长距离通信；中波多用于航海和航空定向以及无线电广播；短波多用于无线电广播、电报通信；超短波、微波多用于电视、雷达、无线电导航等。红外线、可见光和紫外线这三部分合称光辐射，在所有的电磁波中只有可见光人眼可以看到，其波长约在 0.76 微米到 0.40 微米之间，仅占电磁波中很小的一部分。波长最短的电磁波是 γ 射线。不同频率的电磁波有共同之处，它们像水波、声波一样都遵守有关振动和波动的规律性；不同之处是，它们与物质相互作用所表现的情况不一样，X 射线、γ 射线具有很强的贯穿和电离能力，而无线电波则容易被反射或吸收。正因为如此，人们在技术上可以利用不同频率电磁波与物质相互作用的特性来达到不同的应用目的。

无线电广播与电视都是利用电磁波来进行的。在无线电广播中，人们先将声音信号转变为电信号，然后将这些信号由高频振荡的电磁波带着向周围空间传播。而在另一地点，人们利用接收机接收到这些电磁波后，又将其中的电信号还原成声音信号，这就是无线广播的大致过程。而在电视中，除了要像无线广播中那样处理声音信号外，还要将图像的光信号转变为电信号，然后也将这两种信号一起由高频振荡的电磁波带着向周围空间传播，而电视接收机接收到这些电磁波后又将其中的电信号还原成声音信号和光信号，从而显示出电视的画面和喇叭里的声音。

无线电广播利用的电磁波的频率很高，范围也非常大，而电视所利用的电磁波的频率则更高，范围也更大。

此外，电磁波还应用于手机通信、卫星信号、导航、遥控、定位、家电（微波炉、电磁炉）红外波、工业、医疗器械等方面。

奇异的放射性

放射性是一种原子的特性，这很可能是了解原子构造这重要资料的来源。在发现钋及镭之后，科学家终于明白放射性来自原子中的原子核，已开始知道物质间的化学反应是由于原子中的电子作用，但对原子中其他构成单位及其排列方式，却所知有限。之后的研究显示，原子核在原子中所占的空间极微小（仅占百兆分之一），但原子的重量却几乎全在原子核上。

原子核不稳定时，即会产生辐射，在放射性衰减后，原子核就会转换到一个较稳定的状态。由于元素的辨别完全由原子核决定，故原子核的放射性转变即是元素的转换过程。举例来说，铀原子核十分不稳定，所以它会衰减成较稳定的钍。而钍的原子核仍不稳定，于是它再次衰减为镁。不稳定的元素转换成较稳定元素的过程，会一直持续到一个不具放

第二章 神奇的现代物理学

061

射性元素产生为止，这整个过程就是因放射性衰减。铀转换成稳定且不具放射性的铅元素有多达 14 个过程，在这一系列的放射性衰减过程中，镭及钋都只是中间的产物而已。

原子核在进行放射性衰减的同时，会释放出各种辐射或粒子。在 20 世纪早期，已知由铀及其衍生元素发出的射线中，有三种主要射线，即阿耳法（α）粒子、倍塔（β）粒子及伽马（γ）射线。α 粒子即为氦的原子核，为原子中较重但占空间较小的原子核；β 粒子则为源自氦原子核中的电子；至于 γ 射线即为高能量的电磁辐射。放射性提供了研究原子核的方法，只需研究稳定原子核的释出物，即可更清楚地了解该原子核的结构。

放射性在许多学科的研究中，在工农医和军事等部门都有重要应用。例如，在工业中的 β 射线测厚度和 γ 射线探伤，农业中的辐照育种和射线刺激生物生长，以及医学中的射线诊断和放射治疗等方面都是富有成效的。放射性测量的同位素示踪方法和活化分析方法在核技术的应用中也占有重要位置。

某些元素的原子通过核衰变自发地放出 α 或 β 射线（有时还放出 γ 射线）的性质，称为放射性。按原子核是否稳定，可把核素分为稳定性核素和放射性核素两类。一种元素的原子核自发地放出某种射线而转变成别种元素的原子核的现象，称作放射性衰变。能发生放射性衰变的核素，称为放射性核素，或称放射性同位素。

在目前已发现的 100 多种元素中，约有 2600 多种核素。其中稳定性核素仅有 280 多种，属于 81 种元素。放射性核素有 2300 多种，又可分为天然放射性核素和人工放射放射性物品标志性核素两大类。放射性衰变最早是从天然的重元素铀的放射性而发现的。

令人费解的反物质

世界万物究竟为什么都是由物质而不是反物质组成的，其原因也许已经被发现了。

美国和日本科学家在 1999 年 3 月 5 日宣布，他们在芝加哥附近一台粒子加速器中所进行的最新实验结果表明，物质和反物质相互之间其实并不存在完全对称的"镜像"关系。

这可以解释为什么宇宙"大爆炸"中曾经存在的所有反物质都已消失。科学家对于他们所看到的效果的规模感到"震惊"。

美日科学家所获得的这项新发现使他们得以管窥宇宙组成的基本方式。这一发现表明，在亚原子水平上的宇宙是一个复杂混乱的场所，这个发现也许能解释世界到底为什么以目前这样的方式存在。

弄清反物质与物质之间是否存在微小的差别可以解释反物质消失的原因。科学家在研究了一种名叫 B 介子的亚原子粒子的行为后，谨慎地报告说发现了"令人好奇"的结果，这些结果表明物质和反物质并不遵循相同的物理学规律。

他们认为，他们所看到的这一现象在学术上叫作"电荷宇称的直接不守衡"。这意味着如果把物质变换成反物质，同时再把左右进行对调，那么粒子的行为会有所不同。

物理学家说，这种"不对称性"在宇宙"大爆炸"后的最初时刻里会十分重要，它也许导致了几乎所有反物质的毁灭。

20世纪初，科学家曾预测了反物质的存在，之后还制取了微量的反物质。他们认识到，物质和反物质一起导致了表现为能量爆发的湮没。

倘若当初反物质没有从宇宙中消失，那么今天的整个宇宙将完全由放射线所组成，根本就没有任何物质。

总的来说，反物质是一种人类陌生的物质形式。在粒子物理学里，反物质是反粒子概念的延伸，反物质是由反粒子构成的。反物质和物质是相对立的，如同粒子与反粒子结合一般，导致两者湮灭并释放出高能光子或伽马射线。1932年由美国物理学家卡尔·安德森在实验中证实了正电子的存在。随后又发现了负质子和自旋方向相反的反中子。到目前为止，已经发现了300多种基本粒子，这些基本粒子都是正反成对存在的，也就是说，任何粒子都可能存在着反粒子，2010年11月17日，欧洲研究人员在科学史上首次成功"抓住"微量反物质。2011年5月初，中国科学技术大学与美国科学家合作发现迄今最重反物质粒子——反氦4。2011年6月5日欧洲核子研究中心的科研人员宣布已成功"抓取"反氢原子超过15分钟。

特性奇异的电子

在反射性问题的研究暂时处于停滞不前的时期，科学家们对阴极射线本性的探讨却相当活跃。那是沿着两条不同的途径同时进行着的：一条是汤姆孙对阴极射线粒子荷质比的测定；另一条则是洛伦兹、塞曼根据电子论对塞曼效应进行的理论分析。

1897年，英国物理学家 J.J. 汤姆孙苦苦思索了勒纳实验，即1894年，勒纳让阴极射线通过极薄的铝箔做成的小窗，成功地将阴极射线引到放电管外。汤姆孙认为这个实验证明，阴极射线的粒子比原子小，因为原子是不能穿透铝箔的。他还发现，阴极射线在磁场中的偏转与残留气体无关。接着，他发现阴极射线之所以在磁场中不偏转，是因为它使放电管内的稀薄气体具有导电性的缘故。于是，他提高了放电管的真空度，并加上适当的高压，成功地使阴极射线在电场中得以偏转。由此，他得出结论，阴极射线是带负电荷的物质微粒。

为了弄清此问题，汤姆孙就这些粒子的质量和它们所携带的电荷之比进行了一系列的测量。经过测定和比较，汤姆孙发现，阴极射线粒子与普通分子相比要小得多。

1897年8月初，汤姆孙将上述实验结果汇集在《阴极射线》的论文中，该文于当年10月发表在《哲学》杂志上，他称那种射线为"电子"，是"构成一切化学元素的材料"。

另一方面，塞曼于 1896 年发现，钠火焰在电磁铁的作用下，D 线比通常情况下变宽了，此即所谓的"塞曼效应"。塞曼认为，洛伦兹的电子论能够解释这一现象，立即就将自己的发现和考察情况告诉了洛伦兹。洛伦兹立即说明了计算磁场中离子的方法，同时指出，塞曼实验中变宽的谱线的两侧周边的光应该变成圆偏振光和线偏振光。根据洛伦兹的提示，塞曼观察到了这一预言的现象，并测量出了电粒子的数量级以及电粒子的正负。

物理学上一场全新的革命发生了！人们惊奇地认识到，原子并非是构成物质的最小微粒，事实上，它是由更小的、具有奇异特性的粒子构成的。

原子的奥秘被揭开了！

奇异吸引子

奇异吸引子又称混沌吸引子，可以视为混沌的一种几何图示。洛伦兹吸引子是最早发现的奇异吸引子，人们已经领略了这对美丽的"蝴蝶翅膀"所具有的许多独特性质，现在关心的是它作为奇异吸引子的奇异之处。

首先，与平凡吸引子一样，奇异吸引子具有吸引性，不论系统的运动从哪里出发，不论系统的初始状态如何，其运动轨迹最终将落在奇异吸引子上，不会超出奇异吸引子勾勒出的边界。因而呈现一种确定性、一种整体稳定性，它保证了洛伦兹吸引子展现出"蝴蝶翅膀"的轮廓。

其次，一切到达奇异吸引子范围内的运动都是初值敏感和相互排斥的，即对转迹初始位置的细小变化极为敏感，初始状态极接近的两条轨迹将按指数律迅速远离。表现出高度的随机性和局部不稳定性，它描画出洛伦兹吸引子"蝴蝶翅膀"中那些永不相交、永不重复的高深莫测的圈和螺线。

因此，奇异吸引子反映了系统运动状态确定性和随机性的对立统一，反映了系统运动整体趋势的稳定性与局部状态的不稳定性的对立统一。它在特定的确定性中包容着无限的随机性，又在整体稳定的前提下允许局部存在高度的不稳定。所以，奇异吸引子有着奇异的特性：用它所描述的系统行为不可预测，即只能判断运动的大致趋势，却无法预测运动的具体细节。

为了体现这种特性，奇异吸引子呈现出一种非周期性、非对称性的秩序，具有独特的几何结构：它是一条存在于有限空间中的既不自我重复也不自交的无限长的线。这一结构既能保证吸引子只占据有限的空间，勾勒出有界的轮廓；又能使吸引子上任意两条相邻的轨道是指数型发散的，描绘出无穷无尽的细致结构。

对奇异吸引子的研究目前还处于开始阶段，有无数的形式有待探索和发现。动力学系统的大范围分析被认为是奇异吸引子的数学理论基础，但是关于奇异吸引子的理论还远未完成。

引发光源革命的同步辐射

同步辐射加速器是利用加速运动的电子产生同步辐射光源的装置。所谓同步辐射，或称同步光，是电子在加速运动过程中发出的韧致辐射，因首先在同步加速器上观察到而得名。1948年，美国物理学家斯温格在《物理评论》上发表题为《论加速电子的经典辐射》的论文，描述了同步加速器中电子所发出的辐射的性质，被认为是研究同步辐射性质的奠基性文章，他本人也被认为是"同步辐射之父"。

值得一提的是，中国物理学家朱洪元也在1947年观察到同步辐射现象，并于同年在《英国皇家学会会刊》上首先发表了《论高速的带电粒子在磁场中的辐射》的论文。

同步辐射是继电光源、X光和激光之后的第四次光源革命。同步加速器产生的同步光是线偏振脉冲白光，它的准直性好、亮度高，而且非常干净，没有杂质光，其优点可以和激光相比拟。它在材料、生命、能源等科学中有重要用途。

例如，材料在进行高压、高热处理时，其内部动态变化在一般条件下很难实时观察。但用同步辐射照相技术可以分析其内部结构的微小变化，从而有利于人们掌握材料在生长过程中的最佳条件。同步辐射照相技术使人们的视野扩展到了生物细胞结构内部，推动了分子生物的发展。该技术还可以用于精细的表面分析及液体物质分析。现在医学上应用的

"心血管造影术"，广泛用于诊断心血管冠状动脉疾病。另外，同步光源在 LIGA（即光刻、电铸和塑铸成型术）微加工技术中有广阔前景，它甚至可以对小到羊绒粗细大小的微型机件进行加工处理。

同步辐射因其独特的性质而受到广泛重视，在世界各地建立起多个同步辐射加速器。中国建成的同步辐射加速器有北京高能所、合肥同步辐射实验室和台湾新竹同步辐射实验中心三台，能量分别为 2500 MeV、800 MeV、1300 MeV。同步辐射加速器一般有多个实验站点，通过不同的窗口，可以同时在一台加速器上进行多种工作。

上海同步辐射装置（Shanghai Synchrotron Radiation Facility，简称 SSRF），是一台世界先进的中能第三代同步辐射光源，总投资计划 12 亿人民币。上海同步辐射装置的电子储存环电子束能量为 3.5 GeV（35 亿电子伏特），仅次于世界上仅有的三台高能光源（美、日、欧各一台），居世界第四，超过其他所有的中能光源；X 射线的亮度和通量被优化在用户最多的区域。

上海同步辐射装置是国家级大科学装置和多学科的实验平台，由全能量注入器、电子储存环、光束线和实验站组成。全能量注入器提供电子束并使其加速到所需能量，电子储存环储存电子束并提供同步辐射光，光束线对引出的同步辐射光进行传输、加工，提供给实验站上的用户使用。

上海同步辐射光源除了具有第三代同步辐射光源共同的特性之外，还具有：

（1）高效性：总共将建设近 50 条光束线和上百个实验

站，所有这些实验站都是为准确探测同步辐射光与实验样品的各种相互作用而精心设计的。首批拟建的 7 条光束线、实验站和 4 个后备实验站已于 1999 年底通过了国内外的专家评审，它们是：硬 X 射线生物大分子晶体学、硬 X 射线吸收精细结构（X AFS）、硬 X 射线高分辨衍射与散射、硬 X 射线微聚焦及应用、医学应用、软 X 射线相干显微学、L IGA 及光刻，以及红外等后备实验站。今后，上海同步辐射光源将陆续向广大用户提供扫描光电子能谱、扫描透射 X 射线显微、X 射线荧光显微、X 射线非弹性散射等实验站。向用户的供光机时将超过 5000 时 /年，每天可容纳几百名来自海内外不同学科领域或公司企业的科学家 /工程师，夜以继日地在各自的实验站上同时使用同步辐射光；

（2）灵活性：上海同步辐射光源可运行于单束团、多束团、高通量、高亮度和窄脉冲等多种模式，可依据用户需求快速变换运行模式，以满足用户的多种需求；

（3）前瞻性：上海同步辐射光源的科学寿命至少 30 年，电子直线加速器同时用于发展深紫外区高增益自由电子激光。

同步辐射光源已经成为材料科学、生命科学、环境科学、物理学、化学、医药学、地质学等学科领域的基础和应用研究的一种最先进的、不可替代的工具，并且在电子工业、医药工业、石油工业、化学工业、生物工程和微细加工工业等方面具有重要而广泛的应用。上海同步辐射光源将成为中国迎接知识经济时代、创立国家知识创新体系的必不可少的国家级大科学装置。

应用广泛的微波技术

微波是频率很高的电磁波，它的低端频率为 300MHz，高端可达 300GHz，因此有 299.7GHz 的频带宽度，占据整个无线电波频带的 99.9％，对人类来说，这无疑是一个相当大的频谱资源。

微波是现代无线电通信的生力军。工作在微波波段的通信系统，在分米波的信道频带宽度是几兆赫，在厘米波段为几十兆赫，毫米波段可达上千兆赫。若一路电视广播要占用 4～8MHz 的频宽，那么一部毫米波电视发射机，可以同时发射几百套电视节目。如果按一路电视所占频带宽度等于 1500 路电话的频带宽度来算，毫米波通信系统可以同时传送几十万路电话。利用微波进行通信的方式很多，主要有微波中继通信、微波散射通信、波导通信和卫星通信等。它的频率高，容量大，传播距离远，可靠性好，因而在国民经济各部门和国防军事领域得到了广泛的应用。例如雷达，一般都工作在微波波段，在第二次世界大战中曾战功赫赫，近代的武器系统几乎没有一种不使用雷达，同时在国民经济方面也占有十分重要的地位。

微波遥感具有可见光照相和红外遥感所不具备的某些优点，除了不需要日照条件外，能在阴雨天气正常工作，已成为近年来遥感技术中的后起之秀。微波遥感技术已在地质地理、水文和海洋、环境监测、军事侦察等方面得到应用。

利用微波研究物质结构，利用微波进行非电参量的检测和无损检测，利用微波加热物质，促进某些化学反应，利用微波激发等离子体，实现某些化学反应，进行化学合成或形成特殊的加工工艺等；在医学中，微波针灸、微波治癌、微波烧伤疗法、微波手术刀和微波诊断肺气肿等；在农业中，微波杀虫、微波灭菌、微波育种等。

"微波"这个在20世纪初还是鲜为人知的技术用语，今天已不再使人迷惑不解了。科学技术的迅速发展，使微波深入人们生活的每个角落。可以毫不夸张地说，从现代社会的生产、流通，到人们的精神与物质生活的广泛领域都离不开微波。

微波的发展还表现在应用范围的扩大。微波的最重要应用是雷达和通信。雷达不仅用于国防，同时也用于导航、气象测量、大地测量、工业检测和交通管理等方面。通信应用主要是现代的卫星通信和常规的中继通信。射电望远镜、微波加速器等对于物理学、天文学等的研究具有重要意义。毫米波微波技术对控制热核反应的等离子体测量提供了有效的方法。微波遥感已成为研究天体、气象和大地测量、资源勘探等的重要手段。微波在工业生产、农业科学等方面的研究，以及微波在生物学、医学等方面的研究和发展已越来越受到重视。

微波与其他学科互相渗透而形成若干重要的边缘学科，其中如微波天文学、微波气象学、微波波谱学、量子电动力学、微波半导体电子学、微波超导电子学等，已经比较成熟。微波声学的研究和应用已经成为一个活跃的领域。微波光学的发展，特别是现代光纤技术的发展，具有技术变革的意义。

日趋成熟的核能技术

随着人类社会的进步，人们对核能的研究越来越多地用于和平的目的。核反应堆就是人类和平利用核能的一种装置。利用它人们将核能转化为其他多种形式的能量。1942年，美国建成了世界上第一座人工核反应堆。1951年，人类进行了第一次核能发电的尝试，标志着人类已经掌握了一种崭新的能源，核能是核反应或核跃迁时释放的能量，是一种高度密集的能量。1克铀-235全部裂变发出的热相当于2.8吨煤燃烧所放出的热。除此之外，核能还具有经济性好、运输量小等优点，同时由于它不会放出二氧化硫、二氧化碳，所以对解决环境污染、缓解温室效应都十分有益。

使核能以控制的方式释放的装置称为核反应堆。反应堆有裂变堆和聚变堆。裂变堆按引发裂变的中子能量分为热中子堆和快中子堆，按冷却剂和慢化剂的不同又可分为轻水堆、重水堆和高温气冷堆。其中轻水堆中的压水堆由于采用水作为冷却剂和慢化剂因而技术成熟，成为核电站的主要堆型。快中子反应堆以其中子能量高、速度快而成为21世纪核反应堆的主要发展方向。

聚变反应与裂变反应相比不仅燃料丰富而且清洁安全，如太阳的巨大能量就是聚变产生的。但由于聚变反应在地球的自然条件下无法实现，因而要发展到实用阶段还需要长时间的探索和努力。

由于世界经济的快速发展，能源的紧张日益严重，因此各国争相发展和平利用核能的技术。中国人口多、人均资源占有量少，因此将能源结构向核能为主的方向转化是不可避免的。1960年，中国进行了第一座核电站的初步方案设计。1983年，中国开始建设第一座核电站——秦山核电站，其装机容量为30万千瓦。由于中国是一个发展中国家，经济和技术力量十分有限，因而采用了择优跟踪的战略，一开始就选择了国际上发展比较成熟的压水堆。预计未来中国将把由压水堆向快堆过渡作为核电发展的长远战略。诚然，核能的使用出现过类似切尔诺贝利核电站之类的事故，但是只要如同人类的祖先使用火一样有效地掌握它，一定会使之成为一项造福人类的事业。

中国科学院院士、核反应堆工程专家王大中曾用一组数据说明：中国已成为世界第二大能源生产与消费国、第一大煤炭生产与消费国、第二大石油消费国及石油进口国、第二大电力生产国。

根据2020年中国的发展目标估计，国内约需发电装机容量8亿~9亿千瓦，而已有装机容量仅为4亿千瓦。但在现有的发电结构中，单煤电就占了其中的74%。这也意味着若电力需求再翻一番，每年用煤就将超过16亿吨，而长距离的煤炭输送将加剧环境和运输压力。另外，在南方的冰雪灾中，光是因交通运输困难，电煤供应紧张，造成的缺煤停机超过 3700 万千瓦，19 个省区拉闸限电。而如此大电煤消耗，二氧化硫和烟尘排放量每年分别新增 500 万吨和 5326 万吨以上。

另外，水电受到客观条件的限制，其开发难度相当大。而太阳能、生物能等可再生能源开发遇到核心技术的瓶颈，其使用成本极高。因此，在未来的 30 年内，这些新能源不具备成为中国主力能源的条件。所以，清洁、高效的核电成了备选。

在能源危机的背景下，人们对生存的渴求战胜了对恐惧的担忧，欧美国家被冻结 30 多年的核电计划也纷纷解冻。而此间，受多种因素的影响，中国的核电发展战略也正在由"适度"转向"积极"。

截至目前，中国已建成投产 4 个核电站，11 台机组，装机 842 万千瓦。此外，全国已经开工建设的有 22 台机组。而从 20 世纪 50 年代以来，世界各国共建造了 440 多个核电站，发电量已占世界总发电量的 16％。因此，要想填平鸿沟，中国注定有许多路要走。

中国政府规划，到 2020 年，中国核电运行装机容量争取达到 4000 万千瓦；核电年发电量达到 2600 亿～2800 亿千瓦时。在建和运行核电容量 1696.8 万千瓦的基础上，新投产核电装机容量约 2300 万千瓦。同时，考虑核电的后续发展，2020 年末在建核电容量应保持 1800 万千瓦左右。

这就是说，如果规划得以实施，核电将占中国全部发电装机容量的 4% 左右，发电量占全国发电量的 6%。这也意味着，在未来十几年间，将新开工建设 30 台以上的百万千瓦级核电机组。

其实在此时，国际核电发展大环境已经降温，而中国新近宣布发展核电，在国外许多人看来扮演了"填空者"的角色，一跃成为未来 10 年全球最大的新增核电市场。国际原子能机构前总干事布利克斯认为，中国核电发展的形势对世界核电工业是个巨大的鼓舞。

总的来说，在能源经济方面看来，发展核电不能盲目。要使核能在促进中国社会、经济、环境协调发展方面起作用。需要考虑的因素众多，如核电站布局、核电技术、核电人才等。中国的核电技术储备力量不足，应该积极引进技术，开发新一代核电技术，如快中子堆、高温气冷堆等。同时要加强核电科学相关基础技术的研究和开发，进而能够形成自主知识产权，提高我国核电的综合竞争力。中国核电起步较晚，且由于过去 20 年全世界核电低潮以及其他原因。导致中国核能人力资源的缺乏，为满足核电的需求，特别是在 2020 年能够实现核电的战略目标。迫切需求大批核电人才，这就要求国家相关单位加快核电人才的培养。只有全面考虑了核电发展的影响因素，核电才能积极健康地发展。

锂"超原子"向超冷理论提出挑战

1995 年，美国得克萨斯州休斯敦赖斯大学的科学家们在进行一项物理实验时，发现了一种按经典理论不可能发生的现象。他们认为这种现象可能向传统的超冷理论提出挑战。

赖斯大学的兰德尔、休利特及其同伴在一个叫作磁阱的装置内在距离绝对零度（－273℃）仅差 10^{-7} K 的超低温下冷却铷原子时，出现了所谓玻色-爱因斯坦凝聚物，也就是成千上万个原子处于相同的量子状态而形成"超原子"。这是大家事先预料到的，因为铷原子在这样的超低温下排斥力很弱。如果用锂原子试验，就不应该出现这种情况，因为锂原子属于弱吸引力原子。按照传统的认识，在接近绝对零度的超低温下，锂原子应该冷凝成液体并在几毫秒内滴出磁阱。可是实验的结果出乎他们的意料，锂原子没有冷凝成液体，而是出现了多达 10 万个锂原子形成的玻色-爱因斯坦凝聚物，其寿命达几十秒钟。

为什么会出现这种现象呢？科学家们目前对此仍不清楚。不过他们认为，需要重新考虑过去提出的理论模型。赖斯大学的科研小组计划更详细地测量这种凝聚物，以便进一步研究它们的性质。他们还计划研究锂-6 原子，因为这种原子的性质可能使它们在超低温下成为具有超流体特性的气体。

第三章

现代生命与生物技术

现代生物新技术是当代生命科学发展最活跃、最迅速的领域，当研究成果转化为生物技术产品时，其产业就会成为21世纪当之无愧的朝阳产业。并作为"对全社会最为重要并可能改变未来工业和经济格局的技术"，生命科学与生物技术日益受到世界各国的普遍关注。

克 隆 技 术

英国遗传学家成功培育出无父的克隆绵羊被认为是一种尝试。英国人的成功引起截然不同的反响，一方面，所有人都对成功复制像绵羊这样的复杂动物而感到震惊；另一方面，立即引起了要求禁止对人类进行这种试验的呼声。学者们指出，克隆技术会对未来的文明产生严重危害。

尽管有种种限制，克隆试验仍然会继续下去，它受当今世界许多强者的利益所驱，这些强者希望借助于克隆技术获得第二次生命。这样一来，世界上就会出现在历史上起特殊作用的永生的特定人群。事实上这种前景是相当诱人的，一个人临死之前可任意指定他希望再生的时间、地点甚至数量。他的细胞在冷藏状态可顺利度过灾变或生态灾难、细胞冷藏条件及他们今后的催生均由机器人管理。克隆技术还可帮助人类解决许多其他问题。例如可用于拯救濒临灭绝的动物种类。

一些学者甚至声称根本没有必要进行冷藏，每个人的遗传密码可以储存到电脑软盘中，需要时可调出。此外，遗传学家们还学会了制造人造基因。40～50 年后将有可能复制出人造遗传材料，那就是电脑中所储存的某人的完美无缺的复制品。因此到 21 世纪中叶，一个包含所有基因信息的无生命的电脑文件就有可能变成一个活生生的人，一个"孪生兄弟"。

在生物学上，克隆通常用在两个方面：克隆一个基因或是克隆一个物种。克隆一个基因是指从一个个体中获取一段基因（例如通过 PCR 的方法），然后将其插入。另外在动物界也有无性繁殖，不过多见于非脊椎动物，如原生动物的分裂繁殖、尾索类动物的出芽生殖等。但对于高级动物，在自然条件下，一般只能进行有性繁殖，所以要使其进行无性繁殖，科学家必须经过一系列复杂的操作程序。在 20 世纪 50 年代，科学家成功地无性繁殖出一种两栖动物——非洲爪蟾，揭开了细胞生物学的新篇章。

英国和中国等国在 20 世纪 80 年代后期先后利用胚胎细胞作为供体，"克隆"出了哺乳动物。到 20 世纪 90 年代中期，中国已用此种方法"克隆"了老鼠、兔子、山羊、牛、猪 5 种哺乳动物。

1996 年 7 月 5 日，科学界克隆出一只基因结构与供体完全相同的小羊"多利"（Dolly），世界舆论为之哗然。"多利"的特别之处在于它的生命的诞生没有精子的参与。研究人员先将一个绵羊卵细胞中的遗传物质吸出去，使其变成空壳，然后从一只 6 岁的母羊身上取出一个乳腺细胞，将其中的遗传物质注入卵细胞空壳中。这样就得到了一个含有新的遗传物质但却没有受过精的卵细胞。这一经过改造的卵细胞分裂、增殖形成胚胎，再被植入另一只母羊子宫内，随着母羊的成功分娩，"多利"来到了世界。

克隆羊"多利"的诞生在全世界掀起了克隆研究热潮，随后，有关克隆动物的报道接连不断。1997 年 3 月，即"多利"诞生后近1个月的时间里，美国和澳大利亚科学家分别发表了他们成功克隆猴子、猪和牛的消息。不过，他们都是采用胚胎细胞进行克隆，其意义不能与"多利"相比。同年7月，罗斯林研究所和PPL公司宣布用基因改造过的胎儿成纤维细胞克隆出世界上第一头带有人类基因的转基因绵羊"波莉"（Polly）。这一成果显示了克隆技术在培育转基因动物方面的巨大应用价值。

1998年7月，美国夏威夷大学等报道，由小鼠卵丘细胞克隆了27只成活小鼠，其中7只是由克隆小鼠再次克隆的后代，这是继"多利"以后的第二批哺乳动物体细胞核移植后代。此外，夏威夷大学采用了与"多利"不同的、新的、相对简单的且成功率较高的克隆技术，这一技术以该大学所在地而命名为"檀香山技术"。

此后，美国、法国、荷兰和韩国等国科学家也相继报道了体细胞克隆牛成功的消息；日本科学家的研究热情尤为惊人，1998年7月至1999年4月，东京农业大学、近畿大学、家畜改良事业团、地方（石川县、大分县和鹿儿岛县等）家畜试验场以及民间企业（如日本最大的奶商品公司雪印乳业等）纷纷报道了，他们采用牛耳部、臀部肌肉、卵丘细胞以及初乳中提取的乳腺细胞克隆牛的成果。至1999年底，全世界已有6种类型细胞——胎儿成纤维细胞、乳腺细胞、卵丘细胞、输卵管/子宫上皮细胞、肌肉细胞和耳部皮肤细胞的体细胞克隆后代成功诞生。

在不同种类间进行细胞核移植实验也取得了一些可喜成果，1998年1月，美国威斯康星–麦迪逊大学的科学家们以牛的卵子为受体，成功克隆出猪、牛、羊、鼠和猕猴五种哺乳动物的胚胎。这一研究结果表明，某个物种的未受精卵可以同取自多种动物的成熟细胞核相结合。虽然这些胚胎都流产了，但它对异种克隆的可能性进行了有益的尝试。1999年，美国科学家用牛卵子克隆出珍稀动物盘羊的胚胎；中国科学家也用兔卵子克隆了大熊猫的早期胚胎，这些成果说明克隆技术有可能成为保护和拯救濒危动物的一条新途径。

不能否认，"克隆绵羊"的问世也引起了许多人对"克隆人"的兴趣。例如，有人在考虑，是否可用自己的细胞克隆成一个胚胎，在其成形前就冰冻起来。在将来的某一天，自身的某个器官出了问题时，就可从胚胎中取出这个器官进行培养，然后替换自己病变的器官，这也就是用克隆法为人类自身提供"配件"。

有关"克隆人"的讨论提醒了人们，科技进步是一首悲喜交集的进行曲。科技越发展，对社会的渗透越广泛深入，就越有可能引起许多有关的伦理、道德和法律等问题。我想用诺贝尔奖获得者，著名分子生物学家 J. D. 沃森的话来结束本文："可以期待，许多生物学家，特别是那些从事无性繁殖研究的科学家，将会严肃地考虑它的含意，并展开科学讨论，用以教育世界人民。"

作为新世纪的尖端科学，克隆技术从它诞生的那一刻起就吸引了众多世人的目光。作为世界最大的发展中国家，中国一直在致力于前沿科学的研究。据目前的状况来看，克隆作为新兴的技术在中国得到前所未有的关注而且硕果累累：

（1）2000 年 6 月 16 日，由西北农林科技大学动物胚胎工程专家张涌教授培育的世界首例成年体细胞克隆山羊"元元"在该校种羊场顺利诞生。"元元"由于肺部发育缺陷，只存活了 36 小时。同年 6 月 22 日，第二只体细胞山羊"阳阳"又在西北农林科技大学出生。2001 年 8 月 8 日，"阳阳"在西北农林科技大学产下一对"龙凤胎"，表明第一代克隆羊有正常的繁育能力。

据介绍，2003 年 2 月 26 日，克隆羊"阳阳"的女儿"庆庆"产下千金"甜甜"，2004 年 2 月 6 日"甜甜"顺利产下女儿"笑笑"。"阳阳"家族实现四代同堂。这不仅表明第一代克隆羊具有生育能力，其后代仍具有正常的生育能力。目前，"阳阳"与它的女儿"庆庆"、外孙女"甜甜"和曾孙女"笑笑"无忧无虑地生活在一起。据介绍，至 2004 年 5 月底，前来参观的各人士已超过 100 万人次。

在河北农业大学与山东农业科学院生物技术研究中心联合攻关下，中国的科技人员通过名为"家畜原始生殖细胞胚胎干细胞分离与克隆的研究"实验课题，成功克隆出两只小白兔——"鲁星"和"鲁月"。这项实验表明中国已经成功地掌握了胚胎克隆，虽然在技术上还没有达到体细胞克隆羊"多利"的水平，但它为中国的克隆技术进步奠定了基础。

之后，中国广西大学动物繁殖研究所成功繁殖体形比普通的兔子大的克隆兔。因为兔子与人类的生理更加接近，克隆兔的成功诞生，有助于人类医学研究。

（2）2002 年 5 月 27 日，中国农业大学与北京基因达科技有限公司和河北芦台农场合作，通过体细胞克隆技术，成功克隆了国内第一头优质黄牛——红系冀南牛。这头名为

"波娃"的体细胞克隆黄牛经权威部门鉴定，部分克隆技术指标达到国际水平。冀南牛是中国特有的优良地方黄牛品种，分布在我国河北，主要特点是耐寒、肉多脂少。但目前数量急剧减少，已濒临灭绝。此次成功克隆，对保护中国濒危物种具有深远影响。

（3）2002年10月16日中午，中国第一头利用玻璃化冷冻技术培育出的体细胞克隆牛在山东省梁山县诞生。

这头克隆牛的核供体来自于一头年产鲜奶10吨以上的优质黑白花奶牛的耳皮肤成纤维细胞。克隆胚胎经过玻璃化冷冻后移植到一头鲁西黄牛体内，经过281天后，于2002年10月16日11时52分产出一头健康的黑白花奶牛。这头克隆牛诞生时体重40千克，身高80厘米，体长72厘米，胸围80厘米，管围11.5厘米。当天14时20分初乳，14时30分开始站立，当晚能叫、能卧、能蹦，与正常出生的奶牛体征无异。这是中国首例利用玻璃化冷冻技术培育出的第一头体细胞克隆牛。在此之前，中国一直沿用的是鲜胚移植技术，尚未有利用冷冻技术克隆成功的先例。

人类基因组密码

人类基因组研究专家、美国国家卫生研究院人类基因组研究所所长柯林斯于1999年6月10日声称，人类遗传模板的90%将在一年之内测定顺序，以增进人们对遗传因子、重大疾病的原因和治疗手段的新认识。他说："研究人员原以为他们只有到 2005 年才能开始把人类的遗传差异进行编类，但是他们现在预计到 2001 年底就能得到一个出色的编类表。"

在美国医学会在旧金山举行的一次遗传学会议上，他简要叙述了人类基因组研究取得的最新进展。他说，有关基因发现将有助于揭示几乎所有遗传病的许多重大遗传因素，并且将揭开多发性硬化症、常见癌症、高血压和早老性痴呆等复杂而常见疾病的病因。

他说，这些发现还将给人类带来新一代的治疗方法，这些方法将"建立在对疾病的分子水平的理解上而不是对症状的描述上"。

基因测序和差异编类工作完成之后，下一步的任务将是找出所有基因的工作机理。

这些成就是美国人类基因组计划的成果。这项为期 15 年的计划始于 1999 年，目的是识别人类的大约 8 万个基因，并且确定 30 亿个组成脱氧核糖核酸的碱基的排列顺序，这些碱基是构成人类所有生命现象和多样性的基础。尽管在整个人类中，有 99.9％的 DNA 序列是相同的，但 DNA 序列的各种差异会对体质以及人体对药物和其他治疗方法的反应产生重大影响。

1999 年 7 月 7 日，中国科学院遗传研究所人类基因组中心注册参与国际人类基因组计划；同年 9 月，国际协作组接受了申请，并为中国划定了所承担的工作区域——位于人类第 3 号染色体短臂上。人类基因组计划的核心内容是构建 DNA 序列图，即分析人类基因组 DNA 分子的基本成分——

碱基的排列顺序，并绘制成序列图。中国所负责区域的测序任务由中国科学院基因组信息学中心、国家人类基因组南方中心、国家人类基因组北方中心共同承担，测定了 3.84 亿个碱基，所有指标均达到国际人类基因组计划协作组对"完成图"的要求。2003 年 4 月 15 日，美、英、日、法、德、中 6国领导人联名发表《六国政府首脑关于完成人类基因组序列图的联合声明》，宣告人类基因组计划圆满完成。中国高质量完成人类基因组计划中所承担的测序任务，表明中国在基因组学研究领域已达到国际先进水平。

器 官 移 植

　　器官移植是现代医学的奇迹之一。许多原本会由于体内血泵停止工作而死去的人现在还好好地活着，因为他们接受了心脏移植。但是可供移植的器官严重紧缺，许多人在合适的移植器官出现前就死去了，猪或许可以在这方面提供帮助。

　　科学家对猪情有独钟，因为它们与人类有许多相似之处。猪的心脏与人的心脏大小相同，其管道分布和动力输出也相类似。此外，猪的心脏只需经过很少量的基因工程处理，就能与人类的免疫系统相兼容。存在于猪组织内的病毒似乎不会感染人类。这一消息将受到欢迎，因为它绕开了一个在实践中阻碍给人体移植猪器官的主要障碍。

克隆了"多莉"绵羊的罗斯林研究所的科学家正在利用他们的专业技术培育适合用于移植的克隆猪。因此,预计首批用于人体移植的猪心会在几年后出现。

但这一阶段也许会十分短暂,可以轻松地移植由人或猪提供的心脏的日子或许指日可待。而真正的技术突破可能来自克隆与生物组织工程研究。

由于器官移植患者术前即存在器官功能不全,手术创伤大,术后需要常规应用免疫抑制药物治疗,术后早期容易发生感染性并发症和手术技术相关性并发症。近年来,随着手术技术和围手术期治疗水平的提高,术后早期并发症发生率和死亡率已经显著下降。

排斥反应是器官移植患者需要终生警惕的问题。目前临床上常规应用免疫抑制药物进行预防。术后早期是排斥反应的高发时间,常需联合应用大剂量免疫抑制药物进行预防,随着移植术后时间的延长,排斥反应的发生风险逐渐降低,可以逐步降低免疫抑制程度。依据移植物种类不同,移植术后的免疫抑制方案也存在较大差异,其中肝脏移植术后排斥反应的发生率较低、程度也较轻,因而术后应用的免疫抑制药物剂量也最小。对于急性排斥反应,可以采取激素冲击和增加免疫抑制药物浓度等方法进行治疗,而对于慢性排斥反应,目前尚缺乏有效的逆转措施,主要以预防为主。

由于长期应用免疫抑制药物,器官移植受者容易罹患移植术后新发肿瘤、移植术后新发糖尿病、高脂血症、高尿酸血症、心脑血管疾病等并发症。移植术后患者需定期门诊随访检查,以期早期发现和治疗上述并发症。

不同器官移植预后不尽相同，肝移植及肾移植的患者预后相对较好。肾移植在器官移植中疗效最显著，患者存活率超过 97%。肝移植目前术后 1 年生存率为 80%～90%，5 年生存率达到 70%～80%，最长存活时间可达 30 多年。

氨基酸生产技术

国外自 20 世纪 50 年代采用生物反应器发酵法制造味精（谷氨酸钠）以来，陆续开发了一系列氨基酸乃至核酸的发酵法。目前有 18 种氨基酸、2 种呈味核苷酸可用发酵法生产。氨基酸主要用作调味剂、食品和饲料添加剂，其中有 8 种氨基酸，人类自身不能合成，必须由食物中摄取，称为必需氨基酸，尤为食品添加剂所不可缺少者。日本的氨基酸产量及发酵技术居世界领先地位，美国、西欧、巴西、东南亚等国及地区也有氨基酸生产。

近年，各国用基因工程等技术改良氨基酸生产获得很大进展。例如德国的一家研究所宣布成功地用基因重组技术提高了 L－苏氨酸、L－赖氨酸产出率。他们将谷氨酸棒杆菌在葡萄糖和氨中培养，在各种特定的酶催化作用下，经过若干中间阶段，应用了基因重组技术，开发了 3 种不同的方法。最简单的方法是寻找控制氨基酸合成量的酶反应速度的阶段，然后加以改进。该所首先克隆了生物合成过程中各种酶的基因，其后为增加各种酶的基因拷贝数，将其接到质粒上，再导入谷氨酸棒杆菌中。然后观察哪种酶的拷贝数增加时，氨基酸合成量能增加。如此得知在整个合成过程中，由于酶量增加，最终产物量的增加阶段有两处；第三种改进方法是控制氨基酸合成途径中分叉点上中间产物的流向。第三种方法是将大肠杆菌来源的酶基因导入菌体，以达到将初始原料以外的物质转变为合成进行阶段出现的中间产物。这项技术除了用来改进氨基酸生产方法以外，还可以用于多种化学物质的开发利用。

微生物采油新技术

一种新型微生物采油技术在中原油田采油二厂的油井上试验成功，为已进入高含水开发阶段的中原油田注入了生机。

"微生物采油"近些年已逐步成为一个热门词汇，然而微生物是微观世界中的生物，一般要在高倍显微镜下才能看到，它们又是怎样帮助人们进行采油的呢？用它们采油有什么优点，为什么一定要用它们采油？这些或许还都是萦绕在百姓心中的谜团。

一般来说，随着开采时间的延长，油田中的石油开采难度就越来越大。起初，也就是油田刚开发时，油厚、油多、地下压力又大，那时油可以"自喷"出来。过些年后，地下压力变小，就得往地下注水"驱油"，用"磕头机"往上抽。

第三章　现代生命与生物技术

再后来，注入地下的水都打上来了，油则变得很少了，而且新注入的水总是向同一个方向跑，习惯了"老路"，油就采不出来。科学家就用化学办法采油，即往油层里注聚合物，这些聚合物把水习惯的"老路"给"堵上"，这样水就向别的方向压，结果油又被挤了出来。虽然这种化学采油效果比较好，但是被堵上的"老路"以后几乎再也打不开，里面被封闭的石油就无法开采。

微生物多是兼氧菌，有氧能活，无氧也能活，形态小，一般为球状和杆状，它们在地下主要以石油为营养。将微生物及其营养源注入地下油层，让微生物在油层中生栖繁殖。这样，在复杂的地下，细小的微生物通过新陈代谢，对原油可以直接作用，把大分子链切成小的分子链，改善原油物性，降低原油的黏度，提高原油在地层孔隙中的流动性。而且，利用微生物在油层中生长代谢产生的气体、生物表面活性物质、有机酸、聚合物等物质，可以提高原油采收率。

在采油过程中，整个井壁会被泥沙或油本身的物质如石蜡等堵塞，影响正常生产，而这些微生物可以将蜡等物质分解，将堵的地方疏通开。细小的微生物还可以通过代谢产物，把因注水而习惯性流动的"老路"或大的孔隙截堵上，再注水增加压力，以此提高采油率。

因为微生物在自然界中无处不在，从水体、土壤到空气都有，它们不会污染环境，因而这种采油技术是绿色采油。

以前采油过程中加的一些化学试剂大部分对环境有污染，而且，这些化学物给石油加工也带来一些弊端，而微生物可以把大分子降解为小分子，代谢产物不会产生二次污染。

微生物采油还可以解决其他化学方法无法解决的问题，有独到之处，如化学剂只能运送到原来的通道里去，比如油层本身存在的空隙等，而微生物则不受这个限制，它们达到的区域很广，因为微生物要生存，不得不四处找东西吃。

另外，微生物采油成本也很低，它以水为生长介质，以质量较次的糖蜜为营养。实施也很方便，通过油井现有的管道就可以注入油层。资料显示，微生物采油技术已经在许多油田中应用，取得投入产出比为 1∶5 的好效果。

利用微生物采油一般有以下四个步骤：

步骤一：调查油层中微生物生活环境。

由于微生物采油的地层环境对微生物采油有很大影响，所以，在进行微生物采油前，应对油田进行调查。另外，选择矿场试验油田时，应了解油层温度、渗透率、孔隙度、原油性质、储层岩性以及油层中所含微生物的类型等，尽可能多地掌握各种资料。

步骤二：选择和培养微生物。

不是所有的微生物都能够用于采油，而且不同的油层所需要的采油微生物也不同，所以微生物必须经过筛选，在筛选过程中还要通过性能评价，取得实验室的各种结果后才能用到现场。

菌种筛选是微生物采油技术的关键。筛选菌种所遵循的原则是，所选菌种能在油藏条件下生存、运移并能产生大量对采油有利的代谢产物；其次，从经济角度出发，所选菌种能以原油为营养源。

选择好微生物后，要对其进行培养。在温度保持恒定的厂房中将微生物注入培养罐，培养至必要的菌体浓度，然后通过混合罐与无机盐水及营养源制成特定浓度的菌体悬浊液。

值得一提的是，微生物的筛选与油藏微生物生态问题是密不可分的。一定的油藏微生物生态系统决定了微生物菌种的筛选，而已掌握的微生物菌种的特性反过来决定了油井的选择。

步骤三：把微生物注入油井。

可以从注水管线或油套环形空间将菌液直接注入地层，不需对管线进行改造和添加专用注入设备。一般不同的油井注入微生物的量不一样，有的可以注入几百千克，当然这几百千克不全是微生物，里边还包括很多营养液。

步骤四：关闭油井让微生物进行繁殖。

当微生物注入油井之后，油井就得关闭，一般关闭时间越长越好，但是时间太长就会影响经济效益，所以一般关闭3～5天，这样能让微生物在里边充分繁殖。这期间是不能采油的，如果采油就会把刚注入的微生物又抽了上来。

关闭期之后就可以恢复开采。一般微生物在油层中的有效期是3到6个月，可以根据实际情况进行微生物多轮次的注入，这样，微生物才有机会进入更深的地层，作用于更多的残余油。

微生物采油施工简单、成本低，是一种廉价有效的采油技术，具有其他采油技术无可比拟的优点，故有望成为未来油田开发后期提高采收率的主要技术之一。

另外，在现有菌种基础上，通过基因工程手段获取的基因工程菌，其性能更加优良，有望成为解决高温、高矿化度油藏及稠油开采的主要菌种。

还有，新技术将不断用于微生物采油中，如 PCR 细菌基因检测方法的确立，为指导微生物采油现场试验开辟了一条新路。

环保高效的发酵工程

发酵工程是通过现代技术手段，利用微生物的特殊功能生产有用的物质，或直接将微生物应用于工业生产的一种技术体系。

发酵工程也称微生物工程。这项技术主要包括菌种选育、菌种生产、代谢产物的发酵，以及微生物机能的利用等技术。

氨基酸是一种重要的发酵产品。20 世纪 50 年代以前，氨基酸生产靠蛋白质水解和化学合成，其产品成本高，而且也不具光学活性。发酵工程生产氨基酸是 20 世纪 50 年代后期兴起的新产业，其产品全部具有光学活性，生产工艺简单，成本低，资源利用合理，污染较轻。因而，氨基酸被广泛用于食品强化、饲料添加剂和化工合成等。

发酵工程生产的柠檬酸、葡萄糖酸、乳酸和二羧酸类，是食品、医药和化工等工业的重要原料。

微生物体中富含有蛋白质，来源于微生物的蛋白质称作单细胞蛋白。单细胞蛋白的工业化生产为饲料和食品开辟了重要的蛋白质来源。

　　由微生物合成的多糖是由单糖及其衍生物聚合而成的大分子，具有黏性和造膜性的特点，可以广泛用于食品、石油开采、医药和涂料等方面。

　　还有发酵产品核苷酸可用于医药；微生物农药无药害、无污染；利用微生物溶浸矿石中的金属的技术已用于工业生产；利用微生物及其代谢产物提高石油的采收率；发酵生产酒精、各种饮料酒不断取得新成效；沼气发酵成了合理利用有机废弃物提高再生能源的有效途径。

　　发酵工程在工业上的应用具有投资少、见效快和污染小的优点。它是生物工程的重要组成部分。在一些发达国家，发酵工程已成为国民经济的重要支柱。

基因芯片到底怎么回事

　　说到电脑芯片，恐怕大家都不会陌生，虽然了解不一定特别详细，也大概知道那是一块装满微小的集成电路的"小片"，它是计算机的"心脏"。但要说基因芯片是什么，知道的人恐怕就不多了。那么基因芯片到底是什么呢？

　　基因芯片又叫 DNA 芯片，是近一两年发展起来的一种新型分子生物学技术。它用的也是一块"小片"，当然不是集成电路片，而是 5～6 平方厘米的玻璃片；装在这种玻璃片上的也不是电路元件，而是一个个可长可短的 DNA 分子。这些 DNA 分子通过一种特殊的方法粘在玻璃片上，而它们的 DNA 序列和所粘贴的位置都作为最重要的信息被贮存在一台计算机里，在一小块基因芯片上一般至少可以粘 20 万个 DNA 分子，基因芯片的用途很多，它可以用于监测基因表达的变化，可以用于基因序列的分析，也可以用于寻找新的基因和新药分子。基因芯片的工作原理其实很简单，以监测基因表达变化为例，比如人大约有 10 万个基因，人们可以把这些基因都粘在一小片玻璃片上制成基因芯片，如果有人对肿瘤细胞的基因表达感兴趣，只需分别把肿瘤细胞和正常细胞中的 DNA 放在基因芯片上反应，然后通过计算机识别，就可以很快找出肿瘤细胞中的基因表达与正常细胞有何差异，从而找出与肿瘤相关的因素。当然，目前这还只是一个梦想，因为已克隆的人的基因数目仍有限；不过，随着人类基因组计划的迅速进展，这种梦想将会很快变成现实。

1998 年底，美国科学促进会将基因芯片技术列为 1998 年度自然科学领域十大进展之一，足见其在科学史上的意义。现在，基因芯片这一时代的宠儿已被应用到生物科学众多的领域之中。它以其可同时、快速、准确地分析数以千计基因组信息的本领而显示出了巨大的威力。这些应用主要包括基因表达检测、突变检测、基因组多态性分析和基因文库作图以及杂交测序等方面。在基因表达检测的研究上人们已比较成功地对多种生物包括拟南芥（Arabidopsis thaliana）、酵母（Saccharomyces cerevisiae）及人的基因组表达情况进行了研究，并且用该技术（共 157112 个探针分子）一次性检测了酵母几种不同株间数千个基因表达谱的差异。实践证明基因芯片技术也可用于核酸突变的检测及基因组多态性的分析，例如对人 BRCA I 基因外显子 11、CFTR 基因、地中海贫血、酵母突变菌株间、HIV－1 反转录酶及蛋白酶基因（与 Sanger 测序结果一致性达到 98％）等的突变检测，对人类基因组单核苷酸多态性的鉴定、作图和分型，人线粒体 16.6 kb 基因组多态性的研究等。将生物传感器与芯片技术相结合，通过改变探针阵列区域的电场强度已经证明可以检测到基因的单碱基突变。此外，有人还曾通过确定重叠克隆的次序从而对酵母基因组进行作图。杂交测序是基因芯片技术的另一重要应用。该测序技术理论上不失为一种高效可行的测序方法，但需通过大量重叠序列探针与目的分子的杂交方可推导出目的核酸分子的序列，所以需要制作大量的探针。基因芯片技术可以比较容易地合成并固定大量核酸分子，所以它的问世无疑为杂交测序提供了实施的可能性，这已为实践所证实。

在实际应用方面，生物芯片技术可广泛应用于疾病诊断和治疗、药物筛选、农作物的优育优选、司法鉴定、食品卫生监督、环境检测、国防、航天等许多领域。它将为人类认识生命的起源、遗传、发育与进化、为人类疾病的诊断、治疗和防治开辟全新的途径，为生物大分子的全新设计和药物开发中先导化合物的快速筛选和药物基因组学研究提供技术支撑平台。

目前，中国尚未有较成型的基因芯片问世，但据悉已有几家单位组织人力物力从事该技术的研制工作，并且取得了一些可喜的进展。这是一件好事，标志着中国相关学科与技术正在走向成熟。基因芯片技术是一个巨大的产业方向，中国的生命科学、计算机科学乃至精密机械科学的工作者们应该也可以在该领域内占有一席之地。但是应该充分地认识到，这不是一件轻易的事，不能够蜂拥而至，不能"有条件没有条件都要上"，去从事低水平重复性的研究工作，最终造成大量人力物力的浪费。而应该是有组织、有计划地集中具有一定研究实力的单位和个人进行攻关，这也许更适合于中国国情。

植物基因工程

自 1983 年首次获得转基因烟草、马铃薯以来，短短十余年间，植物基因工程的研究和开发进展十分迅速。国际上获得转基因植株的植物已达 100 种以上，包括水稻、玉米、马铃薯等作物；棉花、大豆、油菜、亚麻、向日葵等经济作物；番茄、黄瓜、芥菜、甘蓝、花椰菜、胡萝卜、茄子、生菜、芹菜等蔬菜作物；苜蓿、白三叶草等牧草；苹果、核桃、李、木瓜、甜瓜、草莓等瓜果；矮牵牛、菊花、香石竹、伽蓝菜等花卉；以霸占杨树等造林树种。应该说转基因植物研究取得了令人鼓舞的突破性进展。

但是，以往的工作重点多在容易做的模式植物上，从而使烟草、马铃薯、番茄、矮牵牛、拟南芥菜等植物的分子生物学和转基因技术发展很快。现在，以实用为目标的研究数目大大增加。在国外，主要的种子公司和一些小公司竞相开发重组 DNA 技术，用于重要作物的商业应用，将研究机构和大学首创的原理和科技用于开发，导致植物基因工程向重要粮食和豆科作物遗传改良的实用化目标迈进。

在 1988 年以前，重要谷类作物和豆科作物的转化十分困难，只是在一种生物技术的新工具——"基因枪"研制成功以后，才使得这些作物的转基因不但成为可能，而且常常可以做到不依赖于品种或基因型。基因枪是用火药爆炸、电容放电或高压气体作为加速的动力，发射直径仅 1 微米左右的金属颗粒。微粒表面用优选的基因包覆，高速射入植物细胞，并在细胞内表达产生有活性的基因产物，从而达到改良品种的目的。

最初，大豆基因工程的重点放在原生质体和胚性悬浮细胞的再生上，但进展很慢，获得转基因大豆是一个很大的难题。基因枪的出现使大豆转基因成为现实，实际上，目前大豆已成为许多难转化作物的模式作物。仅两年就建立了可实用的大豆转化体系，这是目前唯一的不依赖于基因型的大豆转化方法。抗除草剂 Basta 和 Roundup 的基因也已转入大豆，并在三年中连续进行了田间试验，预期不久将可商业化，这是豆科作物基因工程商业化应用的一个里程碑。大豆基因工程今后的目标可包括蛋白质和油脂成分的修饰、抗虫、抗病毒及其他病害抗性等。

水稻为世界第二大谷类作物，但在中国则为最大的粮食作物，全球几乎一半人口以稻米为主要热量的来源。水稻得到转基因植始于 1988 年，最初均以原生质体为受体，采用DNA 直接转移法，再生出了可育的转基因植株。但是，原生质体再生体系的限制很大，粳稻上只有少数品种可由原生质体再生植株，大多数优良的粳稻品种和绝大多数籼稻品种都难以由原生质体再生。可由原生质体再生植株的籼稻品种迄今尚未获得转基因植株。由于水稻未成熟胚的盾片再生植株的能力很强，几乎所有水稻栽培品种均能由未成熟幼胚再生。因此，一些科学家认为，原生质体转化在水稻上应用前景有限，最好是用基因枪转化水稻幼胚。最近水稻幼胚和盾片来源的愈伤组织，用根癌农杆菌转化都获得了转基因植株。

从目前的研究情况看，一些重要粮食作物的转基因效率还不高，而且只在少数品种上成功。转基因技术如何达到高效、快速、简便，适用性广，仍然是植物基因工程的一个重要限制因子。

1991 年初，美国加利福尼亚州的一片土地上，DNA 植物技术公司的科研人员同时栽种了三批烟草植株。然后，他们小心翼翼地按照预定程序培植这些烟草植株，并且焦灼地期待着希望的结果的出现。

数月之后，试验如期完成，人们预期的结果出来了。三批烟草植株之中，有一批由于遭受土壤中真菌的感染而损害严重，这是作为对照组的普通烟草。另一批对照组的普通烟草由于使用了市售的化学杀真菌剂而生长良好，收获不错。奇迹出在第三批实验组的烟草植株上，人们并没有给这批烟草使用任何杀真菌剂，但是它们却生长得特别旺盛，不受土壤真菌的危害，而且最终收获的产量比使用了化学杀真菌剂的对照组的烟草植株还要高。

原因何在？答案只有一个：实验组的烟草植株生来就不怕土壤中的真菌。事实正是如此，这批烟草并非普通烟草，而是基因重组的产物，它们的基因组中含有一个新的基因，由此而产生了抗真菌的能力。

真菌的细胞壁中有一种重要成分叫几丁质，细胞壁中的几丁质如果受到破坏，真菌就无法肆虐。自然界有一些细菌天然就能够产生一种几丁质酶，因为它们的基因组中有控制产生此酶的基因，而此酶正是破坏几丁质的最有效的催化剂。美国 DNA 植物技术公司的科研人员从一个品系的细菌中发现了这种基因，并且运用基因工程技术把它插进了烟草植株中，于是，具有抗真菌能力的新型烟草诞生了。

细胞培养技术

细胞的生长需要营养环境，用于维持细胞生长的营养基质称为培养基。培养基按其物理状态可分为液体培养基和固体培养基。液体培养基用于大规模的工业生产以及生理代谢等基本理论的研究工作。液体培养基中加入一定的凝固剂（如琼脂）或固体培养物（如麸皮、大米等）便成为固体培养基。固体培养基为细胞的生长提供了一个营养及通气的表面，在这样一个营养表面上生产的细胞可形成单个菌落。因此，固体培养基在细胞的分离、鉴定、计数等方面起着相当重要的作用。从多细胞生物中分离所需要细胞和扩增获得的细胞以及对细胞进行体外改造，观察，必须解决细胞离体培养问题，同微生物细胞培养的难易相比，比较困难的是来自多细胞生物的单细胞培养，特别是动物细胞的培养。细胞培养泛指所有体外培养，其含义是指从动物活体体内取出组织，于模拟体内生理环境等特定的体内条件下，进行孵育培养，使之生存并生长。细胞培养工作现已广泛应用于生物学、医学、新药研发等各个领域，成为最重要的基础科学之一。

由于植物细胞具有全能性，即植物的体细胞具有母体植株全部遗传信息并发育成为完整个体的潜力，因而每一个植物细胞可以像胚胎细胞那样，经离体培养再生成植株。

植物细胞的"全能性"学说是由1902年德国植物学家哈贝尔兰德提出的。他预言，人有朝一日可以切取植物的一小部分的叶、茎、根，使它们在试管中长成一株完整的植株。

35年之后，即1937年，美国科学家怀特等人第一次把胡萝卜和烟草植物体上的组织取下一块，放在试管里培育，终于长出新的细胞和组织。

1958年，美国一位植物学家斯蒂伍德成功地从一个胡萝卜细胞培养出了一株具有根、茎、叶的完整植物，并能开花结果。这样，哈贝尔兰德的科学预见终于变成了现实。

美国宾夕法尼亚州立大学园艺学家认为，利用植物细胞和组织培养技术培养植物不但可行而且有利。它的好处是：

可以避免用种子繁殖时发生的后代变异；可以得到无病害的植物，并且繁殖迅速，一年之内能生产数十万株植物；植物细胞可以放在塑料袋里邮寄，收到后把它放在温室瓶里培养，几天之后就能长成新的植物。特别是木本植物繁育周期长，从种子到下一代，往往需要几年甚至几十年，如果用试管育苗的办法，对于缩短育种时间和保持植物优质将起到明显的作用。

消灭田间杂草新技术

除了病毒和虫害两大危害因素外，农作物还面临着杂草的挑战。杂草与作物竞争水、营养物和阳光。在杂草蔓生的农田，农作物的收成一般要减少30％。在大多数情况下，除草剂加细心的耕耘可有效地控制杂草。但由于除草剂的识别能力差，往往是既杀死了杂草，又杀死了庄稼。所以，为了保证除草剂使用的安全性，很有必要进行抗除草剂转基因作物的研究与培育。基因工程专家在对除草剂的作用机理有了一定的了解之后，在抗除草剂作物的分子育种方面获得了可喜成果。例如，美国科学家已成功地将抗草甘膦的 EPSP 合成酶基因引入到烟草中，使转化的植株获得了抗草甘膦的能力。此外，抗草甘膦的番茄、油菜、抗网特拉津的烟草也已获得了转基因植株。目前，这些成果已进入农田试验阶段，预计不久即将投入大面积生产和实用阶段。

通过植物基因工程还能培育出抗寒、抗旱、抗盐碱的新品种，最终将使荒凉的沙漠上长出绿油油的牧草，使未开垦的不毛之地长出金黄色的庄稼。以色列科学家利用转基因技术，从生长在厄瓜多尔加拉帕斯海岸的味道涩且个头小的耐盐番茄中提取出了耐盐基因，移入普通西红柿的植物细胞，培育出了味美、个大、品质优良的耐盐新品种，为充分利用海边盐地开辟了广阔的前景。

这里举个例子：田间有一种杂草叫播娘蒿，又叫黄花草、米蒿。是小麦、油菜田重要杂草。适应能力强，是农田、渠旁常见杂草，播娘蒿对小麦田常用除草剂苯磺隆产生较强的抗性，对麦田常用除草剂氯氟吡氧乙酸的耐药性也较强，施药后其生长会受到严重抑制，但往往不能较快地将其杀灭。

这里重点介绍播娘蒿防治方法：

1．人工防治

（1）对当年播娘蒿发生严重的地块，严禁留种，杜绝播娘蒿种子随小麦种子传播危害。

（2）在小麦田播娘蒿未开花、结籽前人工拔除，减少种源。

（3）轮作倒茬，麦棉轮作，是减少播娘蒿危害的有效措施。

2．化学防治

（1）小麦越冬前，在 11 月中旬左右，播娘蒿生长的田块，可用 13％二甲四氯钠水剂 150 克对水 30～40 千克喷雾，或用杜邦巨星防治防效较好。

（2）小麦返青 2 叶期至拔节期，用 75％巨星悬浮剂 1 克，加水 30 千克喷雾。

（3）播娘蒿 6～8 叶期，也就是小麦拔节前，选择晴天，每 667 米 2 用 72％巨镰 1.2～2.0 克，使它隆 50～67 毫升加水 30 千克喷雾，或用 36％奔腾粉剂 5 克，加水 30 千克防治效果较好。

只有除去危害小麦，油菜等农作物里面的杂草，作物才能得到丰收。

植物授精的奥妙

生物学上有一个原理，杂交的后代性能比其父母代具有明显的优越性，然而，不同种间又有不亲和性，杂交后无法产生种子。现在有了植物细胞工程技术，可以进行离体试管授精和幼胚培养，克服了杂交育种的障碍。

这里所说的"试管婴儿"是人工种子，用人工方法直接制成种子，进入市场使新品种迅速推广应用。这些人工种子是杂交生成的体细胞胚，用富含营养和其他必要成分的凝胶物质包裹起来，制成外观、功能与天然种子相似的颗粒。在适宜的环境条件下，这些人工种子和天然种子一样可以发芽生成为新的植株。

人工种子与天然种子相比有许多优点：可以在室内生产，不受外界环境条件的影响；可以提高育种效率，一个新

稻种用通常方法培育需要 7～8 年时间，而用人工种子只要
3～4 年，可以缩短一半时间；还可以在培养基和凝胶物中加
进所需要的物质成分，人工种子播种后生长出来的植物就有
一定的抗逆性；人工种子大小均匀，出苗整齐，好贮存和
运输。

　　植物授精技术自 1962 年试验成功以来，在小麦与黑麦杂
交、甘蓝与大白菜杂交等 40 多种植物上都获得了成功。利用
幼胚培养技术也在小麦与大麦等 13 个属间杂交上获得成功。
最近几年，美、日、法、加拿大等国家都在人工种子研究方
向加大了投资力度，商品化的程度也提高了，许多人工制作
的水稻、玉米、棉花、胡萝卜、柑橘、芹菜、莴苣等植物的
种子已先后登台亮相。

花粉如何育种

　　植物的杂交育种中，通过有性杂交获得的种子种下去之
后，长出的杂种植株性状会发生严重的分离。这是因为，在
雌雄配子分离组合的过程中，随着配子的自由组合，成对基
因发生了自由组合。

　　花粉作为雄性的单倍体细胞，在合适的培养条件下可长
成完整的植株。但单倍体植株长势很差，一般不能开花结
果，在生产上没有什么利用价值。但它却是育种过程中的一
个很好的中间材料。

采用秋水仙溶液浸泡等方法，可使单倍体植株的染色体加倍，变成基因型纯合的正常的二倍体植株，在繁殖过程中后代不会分离。这样可大大简化后代的选择过程，缩短育种周期。由于单倍体加倍获得的二倍体植株基因型是纯合的，这样隐性的性状也可以得到表现，扩大了性状的选择范围，也有利于对作物品种改良的设计和诱变育种的进行。

利用花粉诱导单倍体植株进行育种称作花粉育种。但一般选用花药作为培养材料，因为单纯培养花粉是不易获得成功的。

花粉育种是植物细胞工程中比较成功的技术之一，至今已有 300 多种植物诱导出了单倍体植株。中国在这方面的研究处于领先地位，在单倍体育种方面结出了累累硕果。自 20 世纪 70 年代开展单倍体育种以来，先后培育出生产上大面积推广应用的京花 1 号、3 号小麦，以及中花 8 号、10 号水稻等优良品种，在玉米、甘蔗、橡胶、甜菜、烟草、茄子等作物新品种、新品系的培育上也喜获丰收。通过花粉育种培育出的新品种大多表现出了很好的品质和很高的增产潜力，为中国粮食的增产增收立下汗马功劳。

第四章

现代医学那些神奇的技术

医学是研究人类健康和疾病的规律、预防和治疗疾病、保护和增进人类健康的一门科学。随着现代医学技术的迅猛发展，医学领域已趋神奇的境界，无论是诊断还是治疗，都已达到了极为先进的水平。

比化疗更为有效的癌疗法

目前，医疗界有一种淋巴细胞体外激活疗法，这种疗法是将患者身上的三种细胞：血液中的杀伤细胞（LAK）抽取出来，在试管中用白细胞介素 2（IL－2）激活和增殖；肿瘤浸润淋巴细胞（TIL）由患者肿瘤上取出来；自体淋巴细胞（ALT）在体外用癌抗原加以处理，使其具有抗癌作用。然后将这三种细胞重新注入患者体内，能够防治转移性的黑素瘤和肾癌。美国生物治疗公司、免疫疗法公司、霍夫曼—罗奇公司等都在研究开发用淋巴细胞体外激活治疗癌症的技术。

1991 年 10 月 8 日，美国全国卫生研究所的史蒂文·罗森堡博士给一名患晚期"黑瘤"癌症的病人，用患者自身经过人工改造的癌细胞和淋巴细胞重新注入患者体中的"免疫疗法"，就是这一活细胞疗法的第一次人体试验。这种新疗法的发明者罗森堡博士说："直到 5 年前，治疗癌症只有 3 种办法：手术、放射疗法和化疗。现在我们有了第 4 种疗法。这种疗法分 3 步进行，第一步是用外科手术切下患者的一部分癌组织；第二步，用设备改变癌细胞的遗传基因，使其变成能产生一种抗癌物质的细胞；第三步，将这些改造后的细胞由患者大腿部重新注入人体内。这些细胞一旦进入人体，便会对患者的癌细胞发动进攻。"这种治疗办法在于发挥患者免疫系统的能力战胜自身的疾病。罗森堡指出，这种新疗法目前仍处于试验阶段，尚未推广。然而这种活细胞疗法最大的优点就是可以向扩散的癌症进攻而不伤害正常细胞，所以比化疗更为有效。

影像诊断新技术

说到医学影像诊断技术，最熟悉、最古老的大概要属 X 射线成像技术，它的历史就要追溯到 1885 年伦琴发现 X 射线。

在发现 X 射线后的几十年中，此项技术进展较快，但是由于它只能二维成像，对软组织的诊断能力较差，应用受到限制。在电子计算机发展的推动下，随着大规模集成电路的问世，信息收集、传送、记录以及显示成像技术的改进和提高，计算机和医疗仪器结合使得医学影像的内涵发生了重大变化，计算机体层扫描及核磁共振相继问世。

到底什么是影像诊断呢？

它的定义一般是这样的：运用现代科学技术，凭借图像观察人体内部形态和功能的变化，借以对疾病进行诊断的科学。它包括 X 射线成像技术、超声成像技术、红外线成像技术、放射性核素成像技术和核磁共振成像技术等。

俗话说："尺有所短，寸有所长。"各种影像技术也是这样。

X射线成像技术主要用于观察人体形态学上的特征。放射性核素可以了解脏器的生理代谢功能，但是两者的射线都对人体有伤害。超声的最大优点在于它的无损性，但是其成像系统的分辨率又不如核磁共振，且核磁共振对人体无电离辐射。虽然核磁共振是其中最理想的成像技术，它的造价却也是最高的。所以通常是多种成像技术综合使用，互相取长补短。

回首影像诊断技术发展的缤纷几十年，虽然取得了喜人的进展，但这还只是个开始。今后伴随计算机技术的发展和广泛应用，大部分的信息将数字化，这时影像诊断技术将走向全面的计算机化。同时生理、代谢等功能方面的研究将进一步发展，使疾病在形态学改变之前就能得到诊断。可以预见在不久的将来，科学技术将会把图像变成三维的且可以遥传给远方的医学专家。到那时，人们甚至足不出户就可以得到名医的诊断了。

X光成像技术在医疗、安检、工业探伤、无损检测等领域中具有举足轻重的地位。传统的X光成像技术采用的是模拟技术，X光影像一旦产生，其图像质量就不能再进一步改善，且其信息为模拟量，不便于图像的储存、管理和传输，限制了它的发展。

X光图像的数字化不仅可利用各种图像处理技术对图像进行处理，改善图像质量，并能将各种诊断技术所获得的图像同时显示，进行互参互补，增加诊断信息。同时数字化X光图像可利用大容量的磁、光盘存贮技术，使临床医学可以更为高效、低耗及省时、省地、省力地观察、存贮和回溯，甚至可通过网络把 X 光图像远距离传送，进行遥诊或会诊。

随着计算机与微电子技术的飞速发展，席卷全球的数字化技术、计算机网络和通信技术已经对影像领域产生广泛而深远的影响。一大批全新的成像技术进入医学领域，如超声、CT、DAS、MR、SPETC 和 PTE 等。这些技术不仅改变了 X 光屏幕／胶片成像的传统面貌，极大地丰富了形态学诊断信息的领域和层次，提高了形态学的诊断水平，同时实现了诊断信息的数字化。

在中国的影像设备中，没有实现数字化的常规 X 光机仍占有相当比例。考虑到国情，预计在今后一段时间内，CR、DR 等昂贵的数字 X 光摄像系统不可能普及全国所有的医院。

人工晶体植入技术

在人体眼球瞳孔的后面有一个呈双凸的"透镜"，称之为晶状体，起着照相机镜头的作用，能使物体清楚地在视网膜上成像，无论什么原因，只要晶状体发生混浊，统称为白内障，会使视力逐渐下降，以致失明，生活都不能自理。最常见的是老年性白内障，随着人的平均寿命延长，白内障发生率将日益增多，白内障现已成为世界范围内居于首位的致盲眼病。

手术摘除混浊的晶状体是目前唯一有效的治疗方法，但晶状体摘除后，眼球内部就缺少了一个零件。最初，人们设想在眼前佩戴一副高度的凸透镜，以弥补晶状体的缺少，但戴了高度凸透镜后，其视网膜上的物像比正常要放大 25%，看到的物体比正常近，有的还出现视物变形等，多数人双眼配合不起来，无立体感。因此，眼科医生又发明了角膜接触镜，然而角膜接触镜需经常拿下消毒，佩戴麻烦，还可引起角膜炎等并发症。第一次世界大战时，一位飞行员的眼睛里击入了飞机的有机玻璃窗的碎片，而眼睛安然无恙，这意外的发现启示人们可以将人工晶体植入眼内。从此，人工晶体开始问世了，它具有眼镜、角膜接触镜所没有的优点，是白内障手术后视力恢复的最有效方法。

人工晶体按照硬度，可以分为硬质人工晶体和可折叠人工晶体。首先出现的是硬质人工晶体，这种晶体不能折叠，手术时需要一个与晶体光学部大小相同的切口（6mm 左右），才能将晶体植入眼内。20 世纪 80 年代后期至 90 年代初，白内障超声乳化手术技术迅速发展，手术医生已经可以仅仅使用 3.2mm 甚至更小的切口就已经可以清除白内障，但在安放人工晶体的时候却还需要扩大切口，才能植入。为了适应手术的进步，人工晶体的材料逐步改进，出现了可折叠的人工晶体，一个光学部直径 6mm 的人工晶体，可以对折，甚至卷曲起来，通过植入镊或植入器将其植入，待进入眼内后，折叠的人工晶体会自动展开，支撑在指定的位置。

按照安放的位置，可以分为前房固定型人工晶体，虹膜固定型人工晶体，后房固定型人工晶体。通常人工晶体最佳的安放位置是在天然晶状体的囊袋内，也就是后房固定型人工晶体的位置，在这里可以比较好得保证人工晶体的位置居中，与周围组织没有摩擦，炎症反应较轻。但是在某些特殊情况下眼科医师也可能把人工晶体安放在其他的位置，例如，对于矫正屈光不正的患者，可以保留其天然晶状体，进行有晶体眼的人工晶体（PIOL）植入；或者是对于手术中出现晶体囊袋破裂等并发症的患者，可以植入前房型人工晶体或者后房型人工晶体缝线固定。

人工晶体材料要求质地轻、透明度好、化学性能稳定、无刺激性、无毒性。目前，最常用的材料是聚甲基丙烯酸甲酯，也有采用硅凝胶的，人工晶体植入全部在显微镜下操作，采用白内障囊外摘除，同时安放后房型人工晶体，近些年开始采用更先进的超声乳化白内障吸出，可折叠人工晶体植入术，切口更小，不必缝合，愈合快，视力恢复好，已逐渐在国内外普及。

随着科学技术进展，人工晶体材料进步，制作工艺的改进，人工晶体植入将成为白内障治疗的最有效的方法，将给天下白内障盲人带来光明。

开通血管的激光手段

心血管病是死亡率比较高的疾病，也是发病率比较高的病，在发达国家中发病率高达 40％，在发展中国家也有20％。所以，各国医学工作者都很注重研究防治心血管病。

激光是研究这个领域的新技术，在治疗诸如动脉粥样硬化、血栓所致的动脉狭窄及阻塞性病变，心肌组织部分切除等方面，已取得一些令人鼓舞的结果。用激光微束可以在材料上打出直径很细小的孔。于是，在 20 世纪 70 年代初，就有人仿照这个做法，试验用光学系统聚集成直径很细小的激光在心肌和左心室腔间打直径为微米数量级的小孔，企图通过这些微小的孔，把心脏内的血液输送给缺血的心肌组织，改善心肌组织缺血状况。经过不断实践，现在终于摸索到一条路可以给患有弥漫性血管病变或者全部血管闭塞的病人，带来一线起死回生的曙光。1990 年，美国旧金山的心血管外科研究中心对不能采用心脏搭桥术的 15 例病人，采用激光进行治疗。结果有 13 位病人获救，其他两位由于其他原因而死亡。对死亡的这两位患者进行了解剖尸体检查，发现用激光打的小孔只是在外表面被堵塞，在孔的里边则仍然是畅通的。

　　用激光在搏动着的心脏上打孔，这是件很精确的手术，对所使用的激光束质量和激光功率都有精确的要求。在通常医疗上使用的氩离子激光、Nd－YAG 激光和 CO_2 激光这几种激光器中，初步的研究结果认为，用 CO_2 激光似乎效果更好一些。生物组织对 CO_2 激光的吸收系数比较大，容易使组织汽化；用它在心肌上打孔，可以打出较为理想的小孔。同时，又因为 CO_2 激光封闭血管的能力比较强，减少手术时血液的损失。

　　用激光来治疗心脏虽然已经取得了一些成效，但并不是说已经是成熟的医疗手术，还有一些工作需要继续完成。比如用这种办法治疗的有效性究竟如何，采用的激光剂量（亦即使用的激光功率密度）应如何选择，有没有其他副作用，和现有的治疗方法相对比，用激光方法究竟优势在哪里等。现有治疗心脏病的方法有冠状动脉搭桥术和气囊血管成形术等，前者是从病人腿部取一段静脉，然后把它移到需要进行冠状动脉搭桥的地方，恢复心脏的血液流动。后者是把放了气的气囊通过一根静脉缓缓地送到已堵塞的冠状动脉处，然后给气囊充气，用气体把血斑块推向动脉壁，恢复血液流动。用这两种方法也已挽救过不少心脏病患者的生命。不过，有些心脏病患者不能做搭桥术，或者说，用这两种方法对他们都起不了什么作用。从治疗的效果来看，由得到的统计数字看，作搭桥术的动脉大约有30％在6个月内发生重新堵塞；50％在10年发生堵塞；对于采用气囊血管成形术的，发生再堵塞的比例更高，接近60％的病人可能发生血管再堵塞的事。此外，这两种手术的手术时间也比较长，一般要花4～6个小时。用激光做这类手术，初步看来情况比它们要好一些，不能采用搭桥术的病人，采用激光依然有效，手术花的时间比较少（大约1小时），手术费用相对比较低（约为搭桥术的1/3），而且手术后恢复健康的时间也比较短，约几个星期。至于手术后再堵塞的问题，还没有很好的统计资料，所以，激光方法是否真正占优势，还需做大量的评估对比工作。

在用X射线仪器的协助下，利用光导纤维传导激光束照射血管，可以使阻塞血管的斑块、血栓汽化，让血管重新畅通，有效率可以达到70％以上。

做这种开通血管手术的方法有两种，一种就是采用常用的 CO_2 激光器、氩离子激光器和 Nd – YAG 激光器，把它们输出的激光束照射到血检、斑块物质上，使它们受热而被熔化达到开通血管的目的。这个方法有个缺点，因为难以准确把握光纤在血管内前进的方向，所以导入血管的激光束常常会出现使动脉壁穿透的事。为了避免出现这种事，科学家也想了一些办法，比如，他们专门为此研究了血检和血管壁的激光光谱，手术时根据从荧光屏上显示的光谱曲线，辨别导入的激光束是在对斑块物质照射，还是在对血管壁照射，以便及时调整光纤取向。或者测定正常动脉壁汽化所需要的最低激光功率和使斑块物质溶化的阈值功率。一般来说，使前者熔化的激光阈值功率，比使后者熔化的激光功率阈值高。手术时控制使用的激光功率，使之超过使斑块物质汽化的阈值功率，而又低于使正常血管汽化的阈值功率，就可以汽化掉斑块物质，而不损伤正常的血管。

第二种方法是使用准分子激光，或者掺铒的 YAG 激光动手术。准分子激光器输出的激光波长在紫外波段，同时，输出的光脉冲宽度窄、激光功率高。所以，准分子激光碰破组织的机理和前面红外波段的激光已不相同，它是以使生物分子键发生断裂，形成分子碎片或者气体达到手术目的。亦即是说，用这种激光照射斑块物质，主要是通过光化学过程使它消除，而不是加热的结果，因而热伤程度小，也减少了激光束使血管壁穿透的概率。科学家工作者从 1989—1992 年这三年时间内进行的一切统计中发现，利用准分子激光治疗的 4100 位冠状动脉堵塞的患者中，获得成功的比例占到

88％。目前利用准分子激光的手术遇到的主要困难是，还缺少传输紫外波段激光束的光纤。

激光疗法粉碎结石

患有结石病的人也不少，特别是尿结石和胆结石的发病率更高。把结石打碎的办法现在主要有液电波碎石法、超声波碎石法和体外震动碎石法，前不久又出现一种新方法：激光碎石，即用光导纤维把脉冲激光引入到体内结石的部位，对着结石发射脉冲激光。结石吸收了激光的能量之后产生冲击波，它会把结石震碎，根据临床使用的情况来看，用激光破碎结石的操作比较简单，病人感受的痛苦也比较小，碎石的效果也不错。

根据一些医院进行的碎石记录结果，用 Nd－YAG 激光破碎尿结石的有效率达到 94％。

不直接用激光照射碎石，而是照射一些穴位，也可以让病人把结石通过泌尿系统排出体外。比如用波长 632.8 纳米的 He－Ne 激光照射穴位后，可以让病人平均每天排石 2～3 次。最后，有约 97％的结石患者会自行排掉体内的结石。

至于为什么激光束照射穴位之后，病人会自行排出结石的道理，可以说现在还没有完全了解清楚。根据一些医生进行的研究检测结果，发现在激光作用下有 80％左右的病人，他们的胆管发生扩张。这或许是病人自动排出结石的原因之一。

第四章 现代医学那些神奇的技术

另外一个问题是，治疗时是用脉冲激光取得的效果好，还是用连续波输出的激光效果好，现在也还没有完全一致的看法。从临床得到的结果来看，比较多的情况是用脉冲激光比用连续波输出的激光好一些。

培育皮肤新方法

德国科学家宣布，他们在研究利用头发来制造新的皮肤，这是一个痛苦的过程，然而却为接受皮肤移植患者带来了巨大的希望。

德国东部图林根州耶拿市皮肤诊所的医务主管乌韦·沃尔利马说："实际上，头发需要从头上拔下来。"只有在刚刚取下的仍然活着的头发中，专家们才能找到可以用来培育新皮肤的细胞。

科学家利用那些分裂特性更好及能够扩散并完全覆盖住伤口的细胞来培育新的皮肤。这些新细胞长成的皮肤还具有比原先皮肤大得多的抵御创伤能力。沃尔利马说："这种办法的主要好处之一是在整容方面取得的出色效果。"

这些细胞——角化细胞——的培育不仅需要在头发的根部进行，而且需要在正常皮肤的表面进行。目前德国一些专门的皮肤诊所正在对这样的培育过程进行试验。科学家在从患者头上拔下头发后，便借助显微镜和解剖刀，蹑手蹑脚地从头发根部取出他们所需要的细胞。

之后，这些大小不足 10 微米的角化细胞被浸入营养液中，在那儿吸收蛋白质、生长激素和抗生素 3 至 4 个星期。然后科学家便开始一项艰难的工作——把产生的皮肤移植到患者的伤口上。这些皮肤移植体只有两层细胞那么厚，十分易碎。

科学家遇到的主要问题之一是寻找合适的"载体"材料，即在薄薄的移植皮肤长好之前使之得到必要支撑的衬垫材料。沃尔利马的研究小组目前正利用从人体结缔组织中获得的明胶类酸作为"载体"，其好处是这种酸经过一段时间会分解，而且还能够同时移植两层皮肤细胞组织。

植入皮肤里的显示器

美国加利福尼亚分子制造所的资深研究员小罗伯特．A.福莱芝塔斯根据一种理论，正在研究一种能够植入到人类皮肤里面的显示器。这种显示器实际上是由无数植入人体内部、如同飘浮在空气中的灰尘颗粒大小的机器人来组合成的。那些被植入皮肤下的机器人是一种能发光的机器人。它可以用来即时检查人的心率或是胆固醇的含量，医疗价值巨大。

这些机器人能够根据相应的需要，通过排列出不同的词语、数字甚至是动画来显示不同含义的数据。它们所显示的数据，是从另外一些负责监控人体内部，重要生理变化的纳米机器人那里得来的。植入了这种特殊显示器的病人只需要用手指操作触摸屏，就能在皮肤上通过显示器来了解自己的身体状况。看来，纳米技术又一次扩大了它的应用领域。

此项技术的研究者，很早就在他自己编著的一系列图书中，把他的这种想法表现了出来。在这些书籍中，他分析了纳米机器人在医学中的各种用途。这种新型显示器不但要依靠纳米机器人显示数据，还必须要将它们集合在一起，组成一个有着各自分工的整体。这样在使用时，才会有数百万的纳米机器人分布到患者全身各处的组织、骨骼以及血液里。它们将在这些地方对身体内部的各种数据参数进行监测。并定期将它们的发现传送到负责显示的机器人那里，并且这一联系网络也将是由这种微型机器人组成的。

这些微小的纳米机器人会被植入皮肤下 200～300 微米处。显示数据时，将有 300 万个机器人聚集在一起，并在手背上或是胳膊的前臂处出现一个 65 厘米的显示范围，让患者和医护人员能够很清楚地看到需要得到的身体健康指数。

其实，这种皮肤显示器的运用范围也比较广泛，它不但可以用于医学方面，还能够被当作植入人体内部的个人数据助理、MP3，甚至是视频播放器来使用呢。试想一下，到时你只要用手，在安装了这种显示器的身体任何部位，轻轻点击一下，就能看电视和听音乐了，那将会是怎样的一种生活。

另外，这种显示器永远不用充电或更换电池，因为它是直接从使用者身上获取葡萄糖和氧气作为能量的。而不再需要费心思去研究，如何让它时刻保持充足的能量。

这些如灰尘般大小的机器人将按照预先安排好的程序，进入指定的位置，并就地取材，从人体获得微量的氧气和葡萄糖作为自己活动的动力来源。当使用者启动它们时，它们能够通过植入自己表面，类似于晶体管的元素发出光亮；关闭后，人的皮肤就会自动恢复原来的颜色。

　　目前，根据这种理论，科学家们正在努力研究如何才能制造出这种纳米机器人。当然，这需要掌握能够制造，并装配更小部件的微型机器的方法才行。

　　一旦这一步能够实现，接下来人们只要找到一种大量生产这些纳米机器人低廉而高效的方法就可以了。

第五章
给生活带来便利的高新材料技术

高新材料是用于新环境新领域能够有所突破，在使用上能够创新的一种新材料。它的应用领域很广，从航天飞机到我们的日常用品都有高新材料的影子。它所涉及的领域很广，比如像陶瓷、纺织和器械的制造，都有高新材料的影子。高新材料的出现给人类社会的生产生活带来了很多便利。

粉末冶金技术

粉末冶金的工艺过程与以往的概念大相径庭。它的含义是把金属用一定的方法制成金属粉末，将这些粉末在模具中压制成具有一定形状和尺寸的零件，再在低于金属熔点的温度下烧制为成品。

普通粉末冶金的原料是用机械粉碎法或化学沉淀法制备的，颗粒较大，从力学性能上来说，与普通的铸件和锻件相差无几，部分还有所降低。但是，它可以制成用其他冶金方法无能为力的制品，比如难熔金属制品、多孔部件，而且节能、省材、高效。

20 世纪 70 年代以来，快凝粉末冶金发展了起来，其合金不久就在许多方面超过了常规的合金材料，在航空航天、汽车制造、能源等领域占有重要地位。快凝技术生产的轻合金、钛合金、工具钢、高温合金，成为高技术新产品的标志，它的应用还大大促进了相关新领域的发展。

快凝粉末冶金技术的中心思想是使熔化的合金在极高的冷却速度下凝固成细微的粉末。这个速度可以达到每秒100 000℃以上，而通常的合金冷却速度是 100℃ 左右。在这么快的速度下，液态金属还来不及结晶或刚开始结晶就变成了固体，成为直径只有几微米的固态粉末，要制备这么细的粉末，必须采用雾化法，它的装置和设备虽然复杂，但大大改进了合金的性能。

新技术的为粉末冶金技术发展带来了福音。现代工业中常用的铝合金，是在铝中添加一些别的金属如镁、铜、锌得到一种性能优良的材料。但是，就像水中只能溶解一定的盐一样，固态的铝也只能溶解一定的其他金属，这使得合金性能的提高受到了限制。采用快凝技术，可以使其他金属的含量提高好几倍，使材料的强度、韧性和工作寿命都有所增加。钛合金具有轻质、高强和耐腐蚀的特点，在航空、深海、化工等领域有着美好的前景，被称为"21世纪的金属"，但它的加工性太差。如果用快凝技术制备钛粉末合金，可以加工出许多复杂的飞机大型部件以及发动机关键部件。以往，人们用精密铸造工艺生产航空发动机上的高温合金涡轮盘和涡轮机叶片，难以避免的气泡降低了工件寿命。快凝粉末冶金技术可以有效地避免这种缺陷的产生，提高寿命和稳定性。

超 导 材 料

在地球上，所有的元素和材料都有电阻，就算是导电性最好的银、铜、铝也不例外。1911年，在荷兰科学家卡末林·昂内斯的实验室里，一种奇怪的现象出现了：水银在绝对温度 4.2K（相当于 $-269℃$）时电阻突然消失！这是科学史上第一次发现超导现象。这个新发现使科学家们欣喜若狂，因为超导材料没有电阻或电阻极小，从理论上说，其输送的电流可达无穷大，能大大提高发电机、核电站等的工作效率，因而具有极大的科学价值。

高温超导的发现迎来了超导研究的新时代。高温超导体（相对于低温超导体而言）的研究迅速发展成为世界性的浪潮，高温超导体成为家喻户晓的时髦名词，它的影响已经超出了物理学界的范围。

目前，日本有 100 多家研究所研究新超导材料，其中 20％以上是企业的研究所。住友电气工业公司和藤仓电线公司已经用陶瓷系列超导材料制成线材。日本许多研究机构和企业已经纷纷行动起来。制造超导材料的钇等稀土元素在国际市场上空前紧俏，一场在超导技术应用上的激烈竞争正在各国展开。

为了研究开发超导技术在国防和商业上的应用，美国议会正在审议成立专门委员会，国防部已拨出专款资助超导研究。美国贝尔实验室已经制成条带状高临界温度的超导材料，IBM 公司和能源转换装置公司也制成薄膜状的高转变温度的超导材料，斯坦福大学用高转变温度超导材料制成了超薄膜胶片。

中国在超导研究方面也不甘居人后，成立了国家一级的领导小组、超导技术专家委员会和超导技术联合研究开发中心，将"高临界温度超导电性的基础研究"作为国家基础研究的重大关键项目，在发展高温超导电性的研究上取得了可喜的成绩。1986 年，中国科学家在 40K 实现了超导转变；1987 年，中国科学院物理研究所以赵忠贤为领导的小组独立

第五章　给生活带来便利的高新材料技术

125

地、几乎与美国休斯敦大学朱经武领导的小组同时获得了"钇钛铜"氧化物超导体，把超导临界温度一下子提高到90K，实现了高温超导。

高温超导技术的迅速发展让人们由衷地感到欢欣鼓舞。展望未来，超导材料将为人们带来现在还无法预见的许多东西，超导材料的开发和应用必将开创一个新时代。

2014年1月10日，国家科技奖励大会在北京人民大会堂隆重举行。会上为2013年度国家自然科学奖的获奖项目颁奖，中国科学院物理研究所（以下简称"物理所"）超导国家重点实验室获得自然科学一等奖证书。"40K以上铁基高温超导体的发现及若干基本物理性质研究"在基础科学领域拔得头筹，获此殊荣。

自2000年起，国家自然科学一等奖13年里有9次空缺，至2013年之前已经连续空缺3年，此次颁奖可谓是科技界的一大盛事。这一刻是中国物理人的光荣，也是中国科技界的光荣，物理所超导实验室所有成员也都因此而无比自豪。

面向未来，超导实验室将进一步加强人才培养和引进，注重高端实验设备的自主研发，加强实验室内部学术交流与合作以及和谐科研环境的建设，并与国际、国内相关研究团队建立起广泛的交流与合作，力争在新超导材料探索、非常规超导机理研究及超导相关的器件和应用研究中取得重要的原创性成果，力争把超导实验室建设成为国际上超导研究的重要基地，为实现中华民族的伟大复兴做出贡献。

超导悬浮列车

　　普通列车的最高时速很难超过 300 千米，这是由于列车车轮和铁路之间存在着摩擦力所致，而超导悬浮列车则不存在这样的问题，因为它是悬浮在空中进行运动的。摆弄过磁铁的人，对超导悬浮列车为什么能浮起来一定很容易理解。当把一块磁铁的北极（或南极）和另一块磁铁的南极（或北极）挨近时，它们会立即吸在一起。但如果把一块磁铁的北极和另一块磁铁的北极靠近，它们总是挨不到一块，即使用力把它们挤在一起，只要一松手，它们就会立即分开。这是因为在它们之间存在一种排斥力。超导悬浮列车就是利用磁铁同极相斥的原理制成的。列车侧壁安装着由铝线制成的线卷，底部安装着由 Ni－Ti 合金制成的超导线圈。当超导线圈通过很强的电流时，便产生强大的磁场，磁感应强度很高。随着直流电机启动列车，轨道上的铝线产生感应电流，形成新磁场。因为两个磁场的磁力方向相反，在斥力作用下，使列车悬浮起来。通过改变铝线圈中电流的大小可控制列车的运行速度，十分方便。这种列车悬浮在超导"磁垫"路基上行驶，时速高达 400～500 千米，约为 20 世纪 90 年代中国普通特快列车的 5 倍，从北京到上海只要 3 个多小时。如果将超导悬浮列车装在真空隧道中运行，速度可达 1600 千米/时，比超音速飞机还要快。但建造这种隧道困难很大，因而不易实现。

　　早在1922年，德国工程师赫尔曼·肯佩尔就提出了电磁悬浮原理，并于1934年申请了磁悬浮列车的专利。1970年以后，随着世界工业化国家经济实力的不断加强，为提高交通运输能力以适应其经济发展的需要，德国、中国都相继开始筹划进行磁悬浮运输系统的开发。2009年6月15日，中国首列具有完全自主知识产权的实用型中低速磁悬浮列车，在中国北车唐山轨道客车有限公司下线后完成列车调试，开始进行线路运行试验，这标志着中国已经具备中低速磁悬浮列车产业化的制造能力。中低速磁悬浮列车是一种新近发展起来的轨道交通装备，性能卓越，适用于大中城市市内、近距离城市间、旅游景区的交通连接，市场前景广阔。中低速磁悬浮列车利用电磁力克服地球引力，使列车在轨道上悬浮，并利用直线电机推动前进。与普通轮轨列车相比，具有噪声低，振动小，线路敷设条件宽松、建造成本低，易于实施，易于维护等优点，而且由于其牵引力不受轮轨间的粘着系数影响，使其爬坡能力强，转弯半径小，是舒适、安全、快捷、环保的绿色轨道交通工具，在各种交通方式中具有独特的优势。中低速磁悬浮列车项目是唐车公司与北京控股磁悬浮技术发展有限公司、国防科学技术大学等共同开展的磁悬浮技术工程化应用研发项目。另外，中国第一辆磁悬浮列车2003年1月开始在上海运行。这标志着中国在磁悬浮列车技术上达到世界领先水平。

有"记忆"的金属

　　1963年，美国海军武器研究所制造出一种高强度的耐腐蚀合金，成分是含镍55％，含钛45％。在试验这种合金丝时，他们曾将这种合金绕成一个螺旋形线圈，并加热到150℃，冷却后又把线圈完全拉直。后来，他们偶然把拉直的合金丝再一次加热，结果出现了一个奇迹：在温度升高到95℃时，拉直的镍钛合金丝竟自动卷曲成原来的螺旋线圈形状。当时研究人员几乎不相信自己的眼睛，于是又反复试验，把合金丝加热并变成各种复杂的形状，然后冷却并拉直，又在一定的温度下使拉直的合金恢复到原来的形状。在这种反复的实验中，合金丝每次都表现了非凡的"记忆能力"。

　　镍钛合金为什么能"记忆"自己在一定温度下的形状呢？这一特殊现象引起材料科学家们的极大兴趣。经过大量研究才知道，镍钛合金在一定温度下能记忆起原来的形状，这与它的内部组织在一定温度发生的相变有关。这种相变叫弹性马氏体相变。那么什么叫相变呢？例如水，它在0℃时就结成冰，在100℃时就变成蒸汽，这也叫相变。只要温度一到0℃或100℃，水就分别"记忆"起它在这两个温度下的状态，分别变成冰或蒸汽。这只是一个类比，形状记忆合金的相变实际上要复杂得多。

美国海军武器研究所在 20 世纪 60 年代研究成功镍钛合金后，把它用于接头连接，广泛应用于航空、航天、核工业及海底输油管道等方面。它接触紧密、防渗漏、装配时间短，性能远胜于焊接。而且，镍钛形状记忆合金可制成人造卫星天线而卷入卫星体内，当卫星进入轨道后，借助太阳热或其他热源能在太空中展开。这种合金在医学方面也有广泛的应用，例如血栓过滤器、脑动脉瘤夹、接骨板、人工关节、妇女胸罩、节育器、人工肾微型泵、人造心脏等。此外作为一种初级智能材料，镍钛合金还广泛应用于各种自动调节和控制装置、安全报警系统、能源开发等。

坚不可摧的安全玻璃

1998 年 2 月 9 日夜，格鲁吉亚总统谢瓦尔德纳泽乘一辆奔驰汽车回首都的官邸，突然，从夜色笼罩下的密林里窜出 20 名杀手，向总统座车疯狂扫射并投掷手榴弹，汽车伤痕累累，但幸运的是谢瓦尔德纳泽毫发无损！这要归功于德国政府赠送给他的这辆价值 50 万美元的奔驰牌防弹汽车。它安装了一种安全玻璃——防弹玻璃。安全玻璃是由坚韧的塑料内层（PVB）将两片玻璃在一定温度和压力下黏结而成，也称为夹层玻璃或胶合玻璃，其塑料内层可以吸收冲击和爆炸过程中所产生的部分能量和冲击波压力，即使被震碎也不会四散飞溅。安全玻璃具有良好的安全性、抗冲击性和抗穿透性，具有防盗、防弹、防爆功能。

建筑物使用安全玻璃，可以抵御子弹或100千米/时的飓风中所夹杂碎石的攻击，这对主体玻璃结构的现代建筑具有特别重要的意义。

针对住宅和商业区的盗窃是经常发生的，盗贼的目标往往是那些易于得手且不易被发现的目标。玻璃门窗通常是受攻击的目标，安全玻璃能抵御锤子、铁棍和砖头击打，犯罪分子常用作盗窃工具的无声玻璃切割刀对它也无可奈何，可有效地阻止或延迟罪犯盗窃和强行侵入，大大提高了防范效果。

安全玻璃通常用在一些重要设施，如银行大门、贵重物品陈列柜、监狱和教养所的门窗等。而高强度安全玻璃能在一段时间内抵御穿透，为其他装置作出反应赢得足够的时间。世界上一些最著名的文物，如油画《蒙娜丽莎》和文件《独立宣言》就是用安全玻璃保护的。

防弹玻璃是由多层玻璃与多层PVB中间膜黏结加工而成，它可抵御住手枪、步枪甚至炸弹爆炸的强烈冲击。在全球城市恐怖爆炸事件中，玻璃碎片是造成人员伤害的主要原因。爆炸发生时，玻璃碎片像雨点一样横飞，甚至可以飞到几千米以外的地方，造成的受伤害人数占到90％以上。夹层玻璃在爆炸事件中即使被震碎，仍可完整地保留在框中，大大降低了玻璃碎片对人的伤害。

反渗透膜技能技术

早在 20 世纪 70 年代中期，由于众多的河流遭到严重污染，全世界有 70％的人无法卫生而安全地用水。淡水资源的日益匮乏，使人们一再把目光投向浩瀚的海洋。地中海中部的马耳他，建有世界上最大的反渗透海水淡化厂。海水在这里变成卫生的淡水，为岛上的居民和前来观光的旅游者提供忠实的服务。

"反渗透法"是目前海水淡化中最有效、最节能的技术。它的装置包括去除浑浊物质的前处理设备、高压泵、反渗透装置、后处理设备、浓缩水能量回收器等。反渗透装置是其关键，而它的核心则是反渗透膜。

反渗透指的是沿与溶液自然渗透方向相反的方向进行的渗透，即溶剂从高浓度向低浓度溶液进行渗透。生物体内，膜是不同组织间的屏障。物质交换时，它只允许其中的某些通过，而排斥其他。这种对物质具有一定选择能力的膜叫作半透膜。假设有一张膜只允许淡水通过，把它放在淡水和盐水中间。在自然状态下，淡水会透过半透膜稀释盐水来减小浓度差，当高度相差一定程度时，渗透会自动停止。如果在盐水一边施加压强，使它大于渗透压，盐水中的水分子就被迫渗入淡水一方，这就是反渗透现象。只要保持足够的压强，并及时取走淡水，盐水中的水分子就源源不断地透过半透膜进入淡水中，盐分就被"过滤"掉了。所谓反渗透膜就是利用反渗透原理进行分离的液体分离膜。具体地说，反渗透膜上有许多小孔，孔的大小只允许水分子通过，盐类和杂质分子都比孔大而无法通过——像个筛子。

反渗透膜的优点是装置结构紧凑、安装简单、操作简便、能耗低，并可在常温下操作，易于工业化生产。20 世纪 80 年代发明的复合膜，由超薄反渗透膜、多孔支撑层、织物增强层叠加而成，透水量极大，除盐率高达 99％，是理想的反渗透膜。

反渗透膜在分离小分子有机化合物时也特别有效，因此在有机化工、酿造工业、三废处理等领域也得到了很好的应用。

能筛选分子的超滤膜

大家都知道筛子是用来筛东西的，它能将细小物体放行，而将个头较大的截留下来。可是，您听说过能筛分子的筛子吗？超滤膜——这种超级筛子能将尺寸不等的分子筛分开来！那么，到底什么是超滤膜呢？

超滤膜是一种具有超级"筛分"分离功能的多孔膜。它的孔径只有几纳米到几十纳米，也就是说只有一根头发丝的 1‰！在膜的一侧施以适当压力，就能筛出大于孔径的溶质分子，以分离分子量大于 500 道尔顿、粒径大于 2～20 纳米的颗粒。超滤膜的结构有对称和非对称之分。前者是各向同性的，没有皮层，所有方向上的孔隙都是一样的，属于深层过滤；后者具有较致密的表层和以指状结构为主的底层，表层厚度为 0.1 微米或更小，并具有排列有序的微孔，底层厚度为 200～250 微米，属于表层过滤。工业使用的超滤膜一般为非对称膜。超滤膜的膜材料主要有纤维素及其衍生物、聚碳酸酯、聚氯乙烯、聚偏氟乙烯、聚砜、聚丙烯腈、聚酰胺、聚砜酰胺、磺化聚砜、交链的聚乙烯醇、改性丙烯酸酸合物等等。

超滤膜是最早开发的高分子分离膜之一，在 20 世纪 60 年代超滤装置就实现了工业化。超滤膜的工业应用十分广泛，已成为新型化工单元操作之一。用于分离、浓缩、纯化生物制品、医药制品及食品工业中；还用于血液处理、废水处理和超纯水制备中的终端处理装置。在中国已成功地利用超滤膜进行了中草药的浓缩提纯。超滤膜随着技术的进步，其筛选功能必将得到改进和加强，对人类社会的贡献也将越来越大。

光在玻璃纤维内的传输技术

光在光导纤维里的传输，就像橡皮管里的水一样。从光导纤维的一端射入一束光线，即使将光导纤维弄弯，光线也会循着管道从另一端射出。

当光线在一种介质中传播时，它是直线行进的，但在两种介质的界面，比如光线从水中射向水面时，它要发生光的反射和折射。反射的结果使光线改变方向继续在水中传播，折射的结果使光线偏转一定的角度进入空气中。光线的分配与光线和水面的夹角有关，角度越小，反射光线占的份额越大。当这个角度小于一定值时，所有的光线都将被反射留在水中，而无法进入空气里，这时出现了全反射现象。全反射现象只发生在光线由折射率大的物质进入折射率小的物质的情况下。

光导纤维利用了光的全反射作用。它的芯线是透明度极高的玻璃细丝，外面包有折射率比它小得多的外皮包层。这样，进入芯线的光线只能沿着纤维在芯线与外皮包层的界面发生全反射而曲折前进，不会透过界面，仿佛是被外皮包层紧紧地封闭在芯线内。光线在任何介质中传播都会因吸收和散射而损耗，但可以采取一些相应的措施来减少光在长距离传输时的损失。这包括：采用超纯石英玻璃以减少光导纤维中的杂质；尽量改善玻璃内部结构上的均匀性；采用长波长的激光进行传导，以提高光导纤维的传送效果。

光导纤维在现代科学技术中有重要应用，它是现代通信技术中的重要材料，在医学领域也有不俗表现。

相比于以往的普通电缆，光纤通信有着突出的优点。它的信息容量大得惊人，发丝粗细的光纤可通几万路电话或2000路电视。而且光纤通信用激光作载波，不受外界电磁场干扰，具有很高的稳定性和保密性。

光纤还是医生的得力助手。人们熟悉的内窥镜就是用光纤做的，有一种激光光纤探头内窥镜碎石系统，利用胃镜把带有微型炸药的光纤导管送入胃中，沿光纤通入激光引爆炸药，击碎结石，再用胃镜将结石取出，去除病患。如果通过细微的光纤用高强度的激光来切除人体病变部位，不用切开皮肤和切割肌肉组织，减少了痛苦，而且部位准确，手术的效果很好。

耐强度高的玻璃态金属

通常的金属和合金是由无数个晶粒组成的，晶粒之间存在着晶界，金属材料中都存在成分偏析和晶体缺陷，因而影响材料的性能。1960 年，美国科学家发现，某些贵金属合金急速冷却而使金属来不及结晶，获得非晶态结构，具有类似玻璃的某些结构特征，也称为金属玻璃。非晶态金属的微观结构特征决定了它具有许多优异性能，如优异的软磁性能、力学性能、耐辐射性能和耐腐蚀性能等。快速冷凝技术可以称为是 20 世纪下半叶以来金属材料制备技术中的重大突破，引起了金属材料发展史上的一场技术革命。在美、日、德等先进国家，该技术在 20 世纪 70 年代末开始步入实用阶段，进入 80 年代在某些方面得到了较大的推广应用，产量最大的是非晶态软磁合金，其成分组成是以铁族元素为基质或加入少量的过渡金属元素和 20% 左右的类金属元素等。美国已建成年产 3 万吨的非晶态合金制备基地，1980 年 6 月，美国首先研制成功非晶态铁芯变压器，这种变压器比硅钢片铁芯变压器铁损减少70％以上，对节能有重大意义。

　　非晶态金属在电子工业中的应用已得到肯定，用非晶态金属制成磁头其耐磨性比普通磁头提高几十倍，音响效果佳而且使用寿命长。用非晶态金属做的薄膜磁盘其记录密度比一般的高4～5倍，用非晶态薄条带可制成快速响应的传感器。

　　非晶态金属材料应用面日趋扩大，用非晶态材料制成的焊料不仅可以提高焊接强度，而且它的耐蚀性能是不锈钢的100倍，并解决了某些高强耐蚀焊料过去只能制成粉状而不能扎成带状的难题。非晶态金属材料的强度高达400kg／mm^2，远远高于目前世界上强度最好的高强度钢的强度，很有可能成为未来超高强度新材料。随着快速冷凝技术的发展，非晶态合金的品种和应用范围会日趋扩大。

稀有金属技术

　　"稀土"是从18世纪沿用下来的名称，因为当时用以提取这类元素的矿物比较少，而且只能获得外观似土的稀土氧化物，故得此名。而稀有金属是由于它在地壳中的含量与铁、镁等大量矿藏相比较为稀少而得名。那么两者有什么关系呢？

　　其实稀有金属的含义很广，包括了稀有轻金属、稀有难熔金属、稀散金属、稀土金属、贵金属、天然放射性金属、半导体材料等七大类金属，稀土金属只是其中的一类，不能以偏概全！

稀土名"稀"，但今天早已不是稀有材料，其使用量已从几毫克到几千吨；稀土也并非稀少，约占地壳组成的0.017 56％。地壳中所含的稀土比锌、铅、锡、钼、钨和贵金属多几十倍甚至几百倍。通常将稀土元素分为两组：铈组属轻稀土，包括镧、铈、镨、钕、钷、钐和铕；钇组属重稀土，包括钆、铽、镝、钬、铒、铥、镱、镥、钪和钇。稀土金属在物理和化学性质方面极其相似，在稀土矿床中往往几种元素伴生，不易获得纯的单一稀土金属。稀土和稀土产品的生产最早开始于1885年。1886年德国发明硝酸钍-稀土白炽灯罩并获得专利，用二氧化钍（加1％二氧化铈）制造灯网，可获得很高的亮度。从20世纪60年代以后，稀土应用逐渐形成了石油化工、玻璃陶瓷工业和冶金工业三大支柱。除了稀土金属以外，稀有金属还有许多其他成员。

由于稀有金属具有许多特殊的性能，在国民经济的许多部门中起着越来越重要的作用，稀有金属的广泛应用被作为现代科学技术发展的重要标志。如广泛用于大规模集成电路的储器件、用于静电印刷的硒电子照相光感受器、超导材料中不可或缺的添加剂、帮助彩色电视机出彩的荧光粉都有稀有、稀土元素的身影。尽管我们人类不常见，甚至听来觉得陌生，但它们早已是我们密不可分的好朋友，在现代高技术生产部门尽职尽责地为人类服务。

第六章

航空航天技术

　　航空航天是人类拓展大气层和宇宙空间的产物。经过近百年来的快速发展，航空航天已经成为 21 世纪最活跃和最有影响的科学技术领域，该领域取得的重大成就标志着人类文明的高度发展，也表征着一个国家科学技术的先进水平。

载人航天技术

　　载人航天，是指人类驾驶和乘坐载人航天器往返于地面和空间，在空间或其他天体上从事测控、试验、研究、军事和生产等的活动。

　　载人航天系统由载人航天器、运载器、航天器发射场和回收设施、航天测控网等组成，有时还包括其他地面保障系统，如地面模拟设备和宇航训练设施。

　　载人航天的目的在于：突破地球大气层的屏障和克服地球引力，把人类的活动范围从陆地、海洋和大气层扩展到太空，更广泛和深入地认识地球及其周围的环境，更好地认知整个宇宙；充分利用太空和载人航天器的特殊环境从事各种试验和研究活动，开发太空及其丰富的资源。

　　1961 年 4 月，苏联成功地发射第一个载人航天器——"东方"号载人飞船，宇航员尤里·加加林代表人类第一次叩开了宇宙之门。

　　1969 年 7 月 20 日，美国"阿波罗登月计划"成功实施，登月舱在月球表面着陆。宇航员阿姆斯特朗率先踏上月球荒凉沉寂的土地，奥尔德林也开始在月面行走，他们成为世界上最先踏足月球的人。

　　到 2008 年 9 月底为止，美国和苏联/俄罗斯已发射数十个载人航天器，其中包括载人飞船、太空实验室、航天飞机和长期运行的载人空间站，乘坐载人航天器的航天员共489名。

根据飞行和工作方式的不同，载人航天器可分为载人飞船、太空船和航天飞机三类。载人飞船按乘坐人员多少，又可分为单人式飞船和多人式飞船；按运行范围不同，可分为卫星式载人飞船和登陆式载人飞船。

载人航天器担负着把人送上太空的重任，所以载人航天器与人造卫星尽管有很多相似之处，但还是有一个最大的不同点，就是前者装有生命保障系统。

载人航天器中的生命保障系统是用来保障人在航天活动中的安全，并提供合适的生活环境和工作环境的。在载人航天器的密封舱内，气压接近一个标准大气压，即 101 千帕左右；舱内的空气成分氧气为 21％左右、氮气为 78％左右，也与地球大气接近。

生命保障系统同时具有随时对二氧化碳的清除功能，并保证人和设备所需水的供应，这些水可以是从地面携带上来的或是在航天器内再生的。当然，生命保障系统也包括对产生的废物进行收集和处理。

航天医学是生命保障技术的医学基础。它主要研究航天对人体的影响，并寻找有效的防护措施，以保证航天员的健康与安全，以及航天员在太空中的工作效率。

同样，当航天员离开载人航天器进行舱外活动时，他们身上穿的航天服，也具有部分简易生命保障的功能。

用作动物和生物试验的生物卫星和生物火箭，也具有生命保障系统，其功能与载人航天器的生命保障系统相同，但系统的组成比较简单。

众所共知，航天技术的发展给人类带来众多的益处。如果有了人在太空活动，就可使航天技术如虎添翼，充分发挥人的智慧与技能，解决无人在太空活动的航天技术上一些难题。人有独特的能力，如应急的判断力、创造力和主动的维修及调控功能。人有知觉和感觉，如视、听、触和运动感觉、有冷、热、嗅觉和平衡感等。人对信息处理和观察外界变化非常主动，还有认识能力，以及联想、总结、分析和综合记忆力等，其中有些是"电脑"不能代替的。人的控制和运动能力是载人航天中主要活动之一，包括力量的产生和运用、运动速度的控制、自发力控制和连续调整控制等，这些都对空间的操作活动有决定意义。即使一切都是自动化、智能化，也离不开人的介入，如虎添翼的道理就在于此！

载人航天大大扩展了人类的活动范围，是进一步大规模开发、利用空间资源的重要手段，对国家的政治、经济和科技等方面的发展都有重要的战略意义。苏联宇航员加加林于1961年首次进入太空，美国"阿波罗"飞船于1969年成功登月，这两个轰动世界的壮举发掘和吸引了数以十万计的精英人才。美国宇航局专家曾计算，美国在载人航天上的每1美元投资都能收到9美元效益，有3万多种民用产品得益于研制航天飞机发展出的技术，更不用说航天飞机100多次飞行所带来的科学成果。载人航天技术的日臻完善还促成了"太空旅游"。在2001年和2002年，美国人蒂托和南非人沙特尔沃思分别支付2000万美元，赴国际空间站旅游了约一星期。第三批共两位游客于 2005 年年初再赴国际空间站，而他们身后的报名者还有约 10 人。专家们预计，将来太空还可能成为普通人的旅游热点。

发展载人航天有何意义呢？总的说来有如下几个方面：

（1）在科技方面，因为载人航天技术是科技密集综合性尖端技术，它体现了现代科学技术多个领域的成就，同时又给予现代科学技术各个领域提出了新的发展需求，从而促进和推动整个科学技术的发展，也就是说一个国家载人航天技术的发展，可以反映这个国家的整体科学技术和高技术产业水平，如系统工程、自动控制技术、计算机系统、推进能力、环控生保技术、通信、遥感、测试技术等。也体现了这个国家的近代力学、天文学、地球科学和空间科学的发展水平，特别是这个国家的航天医学工程的发展水平，如果没有航天医学工程的研究与发展，想要把人送进太空并安全、健康、高效地生活和工作是不可能的。

（2）发展载人航天能体现一个国家综合国力。当今世界各发达国家在发展战略上都把综合国力的增强作为首要目标，其核心是发展高科技，而高科技的主要内容之一就是载人航天。当一个国家把自己的航天员送入太空时，它可充分体现其综合国力的强盛，也将增强该国民众的民族自豪感、振奋民族精神、增强了全民的凝聚力。特别是中国航天员一进入太空，能引起全世界人民注视，提高中国的国际地位。

（3）载人航天的发展能更好地开发太空资源为地球人类造福。现已知浩瀚的太空是人类巨大的宝库，它含有丰富的资源，而载人航天事业是使用通向这个宝库的桥梁，试想航天员们在太空对地球居高临下，能以各种不同的手段对地球进行观测，它可以比无人的探测和遥感获取更多的信息和资料。而太空工厂的工艺加工几乎成了"魔术"，它在微重力、真空和无对流的条件下，可以制造地球上难以完成的合金材料、"灵丹妙药"及有关产品。太空工厂的产品或半成品送回地面后，也许还会带来"新的工业革命"。可以预料，印有"太空制造"字样物品将会不断地投放市场。

（4）载人航天是人类发展的一个新阶段的开始，因为人类可以通过载人航天的桥梁，转移到其他星体居住和生活，开发出更美好的生活空间。这不是可望而不可即的事情。当前首先要做的是人们到太空旅游、先看看神秘的太空和美妙的仙境。不久，人类将主宰太空，实现人类发展的革命。

中国进行载人航天研究的历史可以追溯到 20 世纪 70 年代初。在中国第一颗人造地球卫星"东方红"1 号上天之后，当时的国防部五院院长钱学森就提出，中国要搞载人航天。国家当时将这个项目命名为"714 工程"（即于 1971 年 4 月提出），并将飞船命名为"曙光"1 号。然而，中国在开展了一段时间的工作之后，认为无论是在研制队伍、经验方面，还是在综合国力、工业基础方面搞载人航天都存在一定的困难，这个项目就搁到了一边。

20 世纪 70 年代初，中国第一颗人造地球卫星"东方红"1 号上天之后，开始了"东方红"2 号、"东方红"2 号甲、

"东方红"3号等多颗通信卫星的研制工作。

进入80年代后，中国的空间技术取得了长足的发展，具备了返回式卫星、气象卫星、资源卫星、通信卫星等各种应用卫星的研制和发射能力。特别是1975年，中国成功地发射并回收了第一颗返回式卫星，使中国成为世界上继美国和苏联之后第三个掌握了卫星回收技术的国家，这为中国开展载人航天技术的研究打下了坚实的基础。

1999年11月20日上午5时30分，中国第一艘无人试验飞船"神舟"1号，在中国酒泉卫星发射中心，由"长征"2号F运载火箭发射升空。"神舟"1号环绕了地球14圈并完成了各项实验，在11月21日上午3时41分重返地球并在中国的内蒙古自治区着陆。这次飞行是中国航天史上一个重要的里程碑，标志着中国载人航天科技的一大进程。

"神舟"2号飞船于2001年1月10日在酒泉卫星发射中心由"长征"2号F运载火箭发射升空，在轨运行7天后成功返回地面。"神舟"2号是中国第一艘正式的无人飞船，由轨道舱、返回舱和推进舱组成，飞船技术状态与载人飞船基本一致，并首次进行了微重力环境下的空间生命科学、空间材料、空间天文和物理等领域的实验。

"神舟"3号飞船2002年3月25日22时15分发射，这次发射是长征系列运载火箭第66次飞行。自1996年10月以来，我国运载火箭发射已经连续24次获得成功。

"神舟"4号飞船于2002年12月30日由"长征"2号F运载火箭发射升空，1月5日返回，耗时6天零18小时。飞船技术状态与载人飞行时完全一致，解决了前三次无人飞行试验中发现的有害气体超标等问题，运载火箭和飞船完善了航天员逃逸救生功能。

"神舟"5号载人飞船是"神舟"号系列飞船之一，是中国首次发射的载人航天飞行器，于2003年10月15日9时00分由"长征"2号F运载火箭发射升空，将航天员杨利伟送入太空。这次的成功发射标志着中国成为继苏联（现由俄罗斯承继）和美国之后，第三个有能力独自将人送上太空的国家。飞船于2003年10月16日6时28分安全返回地面。

"神舟"6号飞船于2005年10月12日9时00分03秒583毫秒由"长征"2号F运载火箭从中国酒泉卫星发射中心载人航天发射场起飞，将航天员费俊龙（指令长），聂海胜（操作手）送入太空。10月13日，聂海胜迎来他41岁的农历生日，这是中国人首次在太空庆祝生日。飞船于2005年10月17日4时33分成功着陆，共飞行115小时32分钟。"神舟"6号载人飞船是中国"神舟"号系列飞船之一。"神舟"6号与"神舟"5号在外形上没有差别，仍为推进舱、返回舱、轨道舱的三舱结构，重量基本保持在8吨左右，用"长征"2号F型运载火箭进行发射。它是中国第二艘搭载太空人的飞船，也是中国第一艘执行"多人多天"任务的载人飞船。这也是世界上人类的第243次太空飞行。

"神舟"7号飞船于2008年9月25日21时10分04秒988毫秒由"长征"2号F运载火箭从中国酒泉卫星发射中心载人航天发射场发射升空。搭载航天员翟志刚（指令长）、刘伯明、景海鹏，其中，翟志刚、刘伯明于9月27日16时35分进行我国首次太空行走。飞船于2008年9月28日17时37分成功着陆于中国内蒙古四子王旗主着陆场。"神舟"7号飞船共计飞行2天20小时27分钟。

"神舟"8号无人飞行器，是中国"神舟"系列飞船的第八个，也是中国神舟系列飞船进入批量生产的代表。"神舟"8号已于2011年11月1日5时58分10秒430毫秒由改进型"长征"2号F火箭顺利发射升空。升空后，于11月3日凌晨与"天宫"1号目标飞行器进行第一次自动交会对接。之后"天宫"1号与"神舟"8号组合飞行12天，第二次交会对接于11月14日20时成功完成。第二次交会对接飞行2天之后的16日，"神舟"8号第二次撤离"天宫"1号，并于17日19时32分返回地面。

"神舟"9号飞船于2012年6月16日18时37分21秒点火起飞，飞船搭载三名航天员景海鹏、刘旺、刘洋（女），其中，景海鹏曾执行过"神舟"7号飞船飞行任务，由此成为中国航天两度飞天的第一人，刘洋则是第一位飞天的中国女航天员。6月18日11时左右，飞船转入自主控制飞行；14时左右，与"天宫"1号实施自动交会对接。6月24日12时42分，飞船与"天宫"1号目标飞行器顺利完成我国首次手动交会对接。这是中国实施的首次载人空间交会对接。并于2012年6月29日10时00分安全返回。

"神舟"10号飞船于2013年6月11日17时38分02秒由"长征"2号F火箭点火起飞，飞船搭载三名航天员聂海胜、王亚平（女）、张晓光，其中，聂海胜曾执行"神舟"6

号飞船飞行任务。如今发射活动已经圆满结束，飞船成功入轨。此次"神舟"10号飞船将执行15天的应用性航天载人飞行任务。王亚平还在"天宫"1号上完成了中国太空史上第一次授课，是人类太空上的第二次太空授课。"天宫"1号实际上就是一个空间实验室的雏形，它的重量和"神舟"7号一样，用它来完成和飞船的交会对接。"天宫"1号主体为短粗的圆柱形，直径比神舟飞船更大，前后各有一个对接口。采用两舱构型，分别为实验舱和资源舱，实验舱由密封的前锥段、柱段和后锥段组成，实验舱前端安装一个对接机构，以及交会对接测量和通信设备，用于支持与飞船实现交会对接。资源舱为轨道机动提供动力，为飞行提供能源。2013年6月25日7时05分，"神舟"10号飞船与"天宫"1号目标飞行器分离，从"天宫"1号上方绕飞，顺利完成绕飞以及近距离交会任务，并且在空中授课。

2015年至2016年，"神舟"11号飞船将在"天宫"2号发射后择机发射，并与"天宫"2号对接，目的是为了更好地掌握空间交会对接技术，开展地球观测和空间地球系统科学、空间应用新技术、空间技术和航天医学等领域的应用和试验。

2016年，中国将发射"天宫"2号空间实验室，并发射"神舟"2号载人飞船和"天舟"1号货运飞船，与"天宫"2号交会对接。

"天宫"1号发射成功，标志着我国已经拥有建设初步空间实验室，即短期无人照料的空间实验室的能力。2015年前，再陆续发射"天宫"2号、"天宫"3号两个空间实验室。按照规划，我国真正意义上的载人空间站将在 2020 年前后建成。

航天器交会对接技术

　　航天器交会对接技术即两个航天器（载人飞船、航天飞机等）在太空轨道上会合并在结构上连成一个整体的技术。太空交会对接是实现航天站、航天飞机、太空平台和空间运输系统的太空装配、回收、补给、维修、航天员交换及营救等在轨道上服务的先决条件。它是一国航天技术实力的综合展现。

　　交会对接过程分 4 个阶段：地面导引，自动寻找，最后接近和停靠，对接合拢。在导引阶段，追踪航天器在地面控制中心的操纵下，经过若干次变轨机动，进入到追踪航天器上的敏感器能捕获目标航天器的范围（一般为 15～100 千米）。在自动寻的阶段，追踪航天器根据自身的微波和激光敏感器测得的与目标航天器的相对运动参数，自动引导到目标航天器附近的初始瞄准点（距目标航天器 1 千米），由此开始最后接近和停靠。追踪航天器首先要捕获目标的对接轴，当对接轴线不沿轨道飞行方向时，要求追踪航天器在轨道平面外进行绕飞机动，以进入对接走廊，此时两个航天器之间的距离约 100 米，相对速度约 3～1 米/秒。追踪航天器利用由摄像敏感器和接近敏感器组成的测量系统精确测量两个航天器的距离、相对速度和姿态，同时启动小发动机进行机动，使之沿对接走廊向目标最后逼近。在对接合拢前关闭发动机，以 0.15～0.18 米/秒的停靠速度与目标相撞，最后利用栓—锥或异体同构周边对接装置的抓手、缓冲器、传力机构和锁紧机构使两个航天器在结构上实现硬连接，完成信息传输总线、电源线和流体管线的连接。

交会对接飞行操作，根据航天员介入的程度和智能控制水平可分为手控、遥控和自主 3 种方式。

1965 年 12 月 15 日，美国"双子星座"6 号和 7 号飞船在航天员参与下，实现了世界上第一次有人太空交会。1968 年 10 月 26 日，苏联"联盟"2 号和 3 号飞船实现了太空的自动交会。1975 年 7 月 17 日，美国"阿波罗"号和苏联"联盟"号飞船完成了联合飞行，实现了从两个不同发射场发射的航天器的交会对接。1984 年 4 月，"挑战者"号航天飞机利用交会接近技术，辅以遥控机械臂和航天员的舱外作业，在地球轨道上成功地追踪、捕获并修复了已失灵的"太阳峰年观测卫星"。1987 年 2 月 8 日，苏联"联盟-TM2"号飞船，与在轨道上运行的"和平"号航天站实现了自动对接。1995 年 6 月 29 日，美国航天飞机"阿特兰蒂斯"号顺利地与太空运行的俄罗斯"和平"号航天站对接成功。这次对接与 20 年前美、苏飞船对接相比，规模大、时间长，而且合作的项目多。显然，这次成功的对接活动促进了国际航天站的建立，推动了航天技术的发展。

航 天 遥 感

利用装载在航天器上的遥感器收集地物目标辐射或反射的电磁波，以获取并判认大气、陆地或海洋环境信息的技术。各种地物因种类和环境条件不同，都有不同的电磁波辐射或反射特性。感测并收集地物和环境所辐射或反射的电磁波的仪器称为遥感器。航天遥感能提供地物或地球环境的各种丰富资料，在国民经济和军事的许多方面获得广泛的应用，例如气象观测、资源考察、地图测绘和军事侦察等。航天遥感是一门综合性的科学技术，它包括研究各种地物的电磁波波谱特性，研制各种遥感器，研究遥感信息记录、传输、接收、处理方法以及分析、解译和应用技术。航天遥感的核心内容是遥感信息的获取、存储、传输和处理技术。

航天遥感系统由遥感器、信息传输设备以及图像处理设备等组成。装在航天器上的遥感器是航天遥感系统的核心，它可以是照相机、多谱段扫描仪、微波辐射计或合成孔径雷达。航天遥感可分为可见光遥感、红外遥感、多谱段遥感、紫外遥感和微波遥感。信息传输设备是航天器内的遥感器向地面传递信息的工具，遥感器获得的图像信息也可记录在胶卷上直接带回地面。图像处理设备对接收到的遥感图像信息进行处理（几何校正、辐射校正、滤波等）以获取反映地物性质和状态的信息。判读和成图设备是把经过处理的图像信息提供给判读、解译人员直接使用，或进一步用光学仪器或计算机进行分析，找出特征并与典型地物特征作比较，以识别目标。地面目标特征测试设备测试典型地物的波谱特征，为判读目标提供依据。

航天遥感感测面积大、范围广、速度快、效果好，可定期或连续监视一个地区，不受国界和地理条件限制；能取得其他手段难以获取的信息，对于军事、经济、科学等均有重要作用。

航天遥感已用于军事领域，如侦察、预警、测地、气象等。如利用航天器上的遥感器获取侦察情报，是现代战略侦察的主要手段；通过卫星上的红外遥感器感测洲际或潜地弹道导弹喷出火焰中的红外辐射，以探测和跟踪导弹的发射和飞行，争取到比远程预警雷达系统长得多的预警时间等。

随着遥感技术的发展，航天遥感在军事和国民经济上必将得到更广泛的应用。

在遥感卫星应用领域，中国于 1999 年召开了"数字地球"国际研讨会，发表了"北京宣言"，呼吁世界所有爱好和平的国家共建共享，为拥护世界和平和地区可待续发展服务，反对发达国家的技术垄断和霸权主义，呼吁发达国家和技术先进的国家支援第三世界国家。国内积极开展了"数字城市""数字省区"等地理信息系统建设，努力提高信息化、现代化水平；加强国际共享与合作，积极参加全球制图计划、南北极考察、大陆深钻、世界自然与文化遗产保护等国际合作计划。所有这些都赢得了全世界的支持，为全球化网络经济作出了积极贡献。

展望未来的卫星遥感应用，必将形成天地一体化的快速信息流，满足社会高速信息公路的需求。具体体现在：一是航天、航空与地面台站形成多级平台的互联网络系统；二是实现海量数据的全数字流程，图像图形的宽带网络传输；三是地球各圈层的动态监测，从地表植被指数、作物长势、土地覆盖与生态、环境变迁、荒漠化、城市化过程的动态监测到地壳内部的地磁、地热、地震、地气、地球重力场的异常以及外层空间的辐射、磁暴、臭氧变化，都是卫星对地观测的新内容。这些数据，对于无线电信号、导航定位以及卫星寿命、国家安全都有一定的影响，成为新一代环境遥感卫星应用的增长点，也是空间科学探索的主题。

中国城镇化指数在 2015 年将增加到 36％。同时，卫星遥感数据的地面分辨率达到米级，航空遥感已实现了三维成像，数字城市蓬勃兴起，高分辨率、多光谱遥感在城市建设中的应用方兴未艾。

遥感在人文、社会经济方面的应用也逐步提到日程。首先是对土地覆盖与土地利用的调查研究。中科院已经进行了大量工作，建成了全国 1：250 000 数据库，解决了更新问题，特别是对城镇化的监测，包括城市扩张和耕地占用。国土资源部组织了近 100 个大中城市的遥感监测，成效卓著。在天津、广州、上海、北京、哈尔滨、沈阳、香港、澳门、济南等城市，还对城市热岛、绿地、地价、生态环境、历史文化等不同领域做过试验性的城市遥感调查研究。

总之，20 世纪的卫星遥感应用比较侧重于自然、无机环境、资源、静态观测与识别，而 21 世纪的卫星遥感应用必将更多地关注人文、生态和环境以及动态监测与评估。在调查

第六章 航空航天技术

研究方法上，也将从单项的侦察、识别逐步走向定量化的综合集成，由单纯的遥感仪器观测数据逐步走向多种数据源的融合。不论哪种方法、哪门学科的贡献多少，但求能够高速、高效地解决实际问题。

21世纪的卫星遥感应用的将是铁人运动式的接力赛。通过遥感手段的优选、多平台的组合乃至多源信息的融合，集成一条快速的生产流水线。加拿大国家遥感中心的作业流水线在10年前已达到25分钟生成一幅1∶250 000或1∶1 000 000比例尺的土地覆盖利用图。美国重组的NIMA预计以2年的时间完成全球海陆面积80%的三维专题制图。"速度"是中国卫星遥感应用的当前最明显的差距。如前所述，必须把信息处理流程的全部时间压缩到自然或社会演化过程之内，才能赢得预测预报的时间。能否及时做出科学、准确的预测和预报，是科学技术现代化、实用化最重要的标志。

目前，中国服务于卫星测控的"空间信息系统"是非常先进的，而服务于卫星遥感应用的"空间信息系统"却相对滞后，还停留在低级、复杂的阶段，远没有形成高级、简单、聪明、智能的"傻瓜式"作业流程。逼近到准实时或实时处理的水平，赢得预警或预报的"前置量"，这就是中国未来卫星遥感应用系统的总体奋斗目标。

太空旅行梦的实现

太空旅行是自古以来人类梦寐以求的理想。公元14世纪，中国有位称"万户"的人，乘坐自制的由 47 支火箭构成的大风筝升空，成为人类进行太空飞行的第一次尝试（国际上为纪念这位航天传奇人物，已将月球表面东方海附近的一个环形山命名为"万户"山），还有希腊神话中代达罗斯父子插翅逃亡、阿拉伯神话中的波斯飞毯等。但他们毕竟无法克服地球的吸引力，也无法奔月，或去太空旅行。直到 1961年 4 月 12 日，苏联发射第一艘载人飞船，1969 年 7 月 20 日美国"阿波罗"号登月飞船，首次登月成功，才实现人类的这一梦想。

那么，人类怎样才能克服地球的吸引力飞向太空呢？这就需要一定的速度，人们称之为宇宙速度。从地球表面向宇宙发射航天器进入规定轨道点，需要克服地球和太阳引力所需的最小能量具有的最小速度，称为宇宙速度。发射的航天器环绕地球、脱离地球和飞出太阳系所需的最小速度，分别称为第一宇宙速度、第二宇宙速度和第三宇宙速度。

早期，人们在研究航天学时，提出了宇宙速度这个概念。为估算出克服地球和太阳引力所需的最少能量、最小速度，便假设地球是一个质量均匀的球体，在周围没有大气的理想情况下，物体环绕地球最低运行轨道（其半径与地球近似相同）所需要的速度，约为 7.91 千米/秒为第一宇宙速度。当在地球表面的物体在水平方向获得第一宇宙速度后，就不再需要任何动力，就可以绕地球转动；当其获得大约为 11.19 千米/秒速度时，称为第二宇宙速度。物体将脱离地球引力沿着一条抛物线轨道飞离地球；当其获得大约为 16.67千米/秒时，称为第三宇宙速度，则物体将会沿着地球公转方向飞离地球。当到达远离地球大约93万千米时，即可摆脱地球引力，进入太阳引力范围。此时物体相对于太阳作抛物线运动，最终将飞出太阳系进入宇宙深远处。

随着人类向宇宙深远处探索的延伸，宇宙速度将不断加快，探索宇宙的空间也将不断地扩展延伸。

2001年，世界上唯一一个提供太空轨道观光飞行的政府机构——俄罗斯联邦航天署将美国富商丹尼斯·蒂托送上太空，让后者成为人类首位太空游客。当然了，蒂托为了这次太空飞行花费了2000万美元。

轨道飞行的2000万美元的费用，使太空旅游只能是少数巨富才能进行的项目。因此，降低费用是扩大太空旅游市场的关键。太空飞行的安全风险依然无法忽视。针对太空旅游的高风险性，美国航空航天局已出台了第一部针对太空旅游业务的条例，该条例暂时没有强制要求太空旅游公司保证旅客人身安全，理由是太空旅游尚处于起步阶段；在太空旅游的过程中，游客的身体必须要能经受得起火箭起飞时的巨大噪声、振动、过载等种种考验，同时，必须能够耐受强辐射、长时间失重等状况，提高运载工具的舒适性，也是开拓太空旅游的重要因素。

美国亚特兰大太空工程公司总裁及首席执行官约翰·奥兹指出，太空旅游市场如果要达到一定的规模，每次价格必须降到5万到10万美元之间，才能让大众接受。能够重复使用的宇宙飞船则为向太空运送更多的平民拜访者开辟了一条在经济上切实可行的途径。2006年7月，首架专为太空旅游开发的可以重复使用的"火箭飞机"已由美国加州一家名叫

XCOR 的太空旅游公司研制出来，并试飞成功。美国航空航天工业前景研究委员并建议开发低成本的商用太空旅游飞船——太空巴士，每次可坐 20 人左右。这种设想中的太空巴士，属于能运送游客往返于国际空间站与地面之间的双程轨道运输机。而航天能力同样不凡的俄罗斯宇航局则在 2004 年 6 月宣布，他们准备用 C－21 型航天器进行有偿载人飞行活动，每人的旅费仅为 10 万美元。

2013 年 12 月 27 日，国内高端旅游领导品牌"探索旅行"与"SXC"（Space Expedition Corporation）正式签约，将全球最为领先的私人太空旅行项目引入了中国市场，面向中国用户接受预订，最早 2014 年即可上太空。SXC 太空旅行将使用美国 XCOR 宇航公司的"山猫"1 号（Lynx Mark I）和"山猫"2 号（Lynx Mark II）新型太空飞船。山猫一号预计 2014 年进行首次亚太空飞行，飞行高度海拔 61 千米，需花费 9.5 万美元（约合人民币 58 万元）。飞行高度超过国际公认的太空边界（100 千米），费用分为 22 万美元和 10 万美元两档。

尽管实现太空旅游仍然面临着许多问题。但是，人们依然相信，随着空间技术的发展，在不远的将来，太空旅游"平民化"将成为现实。

随着科技的进步，太空旅游会离人们越来越近，在不久的将来，人们的火箭发射能力会逐渐增强，升空的舒适度也会大大提高，并且随着运载能力的提高，大规模太空旅行也将会实现。

科学家早就计划能向空间发射人造天体，庞大的人工天体可以用来进行太空移民，但还存在很多的难题尚未解决。随着科技的进步，人工天体肯定会变成现实，未来将会有大量的人移民到人工天体上去。到时候，他们便可以在太空中生活了。

一箭多星的发射技术

"一箭多星"发射就是用一枚运载火箭同时或先后将数颗卫星送入地球轨道的发射技术。"一箭多星"是一种优越的发射方式，它能充分地利用运载火箭的运载能力，降低卫星发射成本，使相关联的多颗卫星保持密切配合。

传统的卫星发射方式是用一枚火箭发射一颗卫星，用一枚火箭同时发射多颗卫星进入轨道，是一种先进的航天发射技术。

一箭多星技术一般采用两种发射方式：一种是将多颗卫星一次投放，进入一条近似相同的运行轨道，卫星之间相距一定的距离；另一种是利用多次起动运载火箭的末级发动机，分次分批地投放卫星，使各颗卫星分别进入不同的运行轨道。显然，后者的技术就更为高超。

为了实现一箭多星，需要解决许多技术关键。首先是要提高火箭的运载能力，以便把质量更大的数颗卫星送入轨道；其次是需要掌握稳定可靠的"星箭分离"技术。运载火箭在最后的飞行过程中，卫星按预先设计的程序从卫星舱里分离出来，既不能相互碰撞，又不允许相互污染，还需选择最佳的飞行路线和确定最佳分离时刻，使多颗卫星在各自的轨道上运行。

另外，还必须考虑运载火箭装载多颗卫星以后，火箭结构角度和重心分布发生变化，会使火箭在飞行中难以稳定。多颗卫星和火箭在飞行中，所载的电子设备可能会发生无线电干扰等特殊问题。

最早实现一箭多星技术的国家是美国。1960 年，美国率先用一枚火箭成功发射了两颗卫星。1961 年，又实现了一箭三星。苏联也多次用一枚火箭发射了八颗卫星。中国于 1981 年 9 月 20 日开始，用"风暴"1 号火箭发射了三颗科学试验卫星，成为世界上第四个掌握一箭多星技术的国家。目前，中国的一箭多星技术已达到相当高超的水平。

用飞机发射人造卫星

人们从电视上看到过人造卫星发射的壮观场面。那装载着卫星的巨型多级火箭，耸立在高高的发射塔上，在"轰隆"一声巨响中，火箭尾部喷吐出鲜红的火舌，火箭随即在烟雾中脱离发射架徐徐上升，然后直向蓝天飞去……

但是，人们现在找到了一种比在地面发射人造卫星更便宜、更简单的方法，这就是从飞机上发射人造卫星，即把发射台从地面搬到高空，用飞机代替火箭的第一级。

20 世纪 90 年代初，美国用一架 B-52 飞机在大西洋上空 13 千米处发射了一枚"飞马座"运载火箭，将巴西第一颗人造卫星送入 756 千米的预定轨道，开创了从飞机上发射人造卫星的新途径。

　　这种别开生面的人造卫星发射方式之所以引人注目，是因为它有着这样几个特点：

　　一是从空中发射时，气压只有海平面的四分之一，从而可使运载火箭的喷管设计简化，因为不需要考虑从海平面到接近真空的工作环境的变化。

　　二是由于飞机具有较高的飞行速度，因而可使运载火箭的性能提高 1％至 2％。

　　三是在高空发射运载火箭对火箭本身的结构强度要求较低，而且动压也较低，这对发射很有利。

　　总的来说，在运载火箭的有效载荷一定时，从飞机上发射运载火箭所需要的总速度可比地面发射降低 10％～15％。

　　据科学家预测，在未来的 20 年内，全世界等待发射的人造卫星将有上千颗，其中大多数是质量仅为几百千克甚至几十千克的近地小人造卫星。这些人造卫星性能好、价格低廉，是人造卫星家族的主力军。很显然，空中发射人造卫星的方式，必将在未来航天发射市场上占有一席之地。

　　据国外媒体报道，著名的微软公司合作创始人保罗·加德纳·艾伦（Paul Gardner Allen）将与航空航天先驱伯特·鲁坦（Burt Rutan）合作推出一款超级"火箭飞机"。这架飞机最大的特点是可利用莫哈韦航空和太空港起飞，携带火箭进入高层大气中并将其发射入轨，这样可节省所需的火箭发射台和额外的燃料费用。为了完成这项不可思议的任务，超级"火箭飞机"装备了六具用于波音747宽体客机的引擎，可提供强大的动力。

从外形上看，这架"火箭飞机"的翼展可媲美一个标准足球场，它也将成为世界上最大的飞机，不仅可以用于发射火箭或者将货物推入近地轨道上，还可以携带乘客进行高空飞行。航空航天先驱伯特·鲁坦则是著名的"太空船"2号轨道飞行器的设计师，而这架"火箭飞机"则是这两位巨头的下一步太空旅行的计划。根据用莫哈韦航空和太空港的首席执行官斯图尔特·威特（Stuart Witt）介绍：这架超级飞机的诞生将是一次惊险的飞跃。

早在2004年，保罗·加德纳·艾伦与伯特·鲁坦就开始联手打造第一艘私人飞船以进入太空，这项新计划被认为是保持美国在太空探索的最前沿，以及为下一代在儿童时期就建立起一些梦想。保罗·加德纳·艾伦在西雅图介绍采访时告诉记者："我们将面临很多艰巨的挑战。"艾伦与伯特·鲁坦联手的新一轮太空旅行计划也汇集了来自硅谷退休精英以及航空航天领域的高级工程师，在美国航天飞机退役之后，本来用于服务航天飞机运行的庞大产业团队将重新加入新的太空计划中。

现在，已经有若干家公司相继竞争发展可为国际空间站提供人员与货物运输的太空飞船。然而这位微软的巨头认为美国政府在空间计划制定以及支持上显得越来越不给力。艾伦称："当我还是处于青年时期，美国的太空计划一直是一种符号，对我而言，对太空的迷恋将永远不会结束，梦想永远也不会停止。"商业大亨与航空航天巨头联手打造的庞大"火箭飞机",希望它能填补美国宇航局航天飞机退役后形成的空缺,此前已经研制成功的"太空船"1号飞行器验证了从大气层发射特殊制造的小型太空舱进行近地轨道之旅的可行性。

2004年,他们打造的第一艘私人太空船进入近地轨道的成就使其赢得了1000万美元的安萨里X大奖(Ansari X Prize)。而另一位具有传奇色彩的亿万富翁、英国著名的维珍集团总裁理查德·布兰森(Richard Branson)爵士也在致力于发展太空飞行器以开拓太空旅游。与伯特·鲁坦设想的飞行器不同之处是,布兰森的这款超级"火箭飞机"的翼展将达到恐怖的380英尺(约116米),是全球最大的机翼,在执行发射火箭程序后,这架巨型飞机将利用波音747客机的强劲动力利用空气动力爬升至高空,然后通过火箭携带的助推器将火箭推离飞行器,进而完全火箭发射。

该计划的科学家们将制造出这架可发射火箭的大型飞机,并进行测试飞行,预计在2015年研制出一架样机。通过此种方法进行的火箭发射可节约一大部分火箭燃料,原先用于第一级火箭发动机的大量燃料就可被这架超级飞机在爬升至高空这个飞行程序所取代。而另一家老牌火箭公司,轨道科学公司也将研发类似的方法以发射人造卫星。预计在2015年时,这架"火箭飞机"将进行第一次无人飞行测试,在下一个五年内完成载人计划。

目前,这家研制"火箭飞机"的公司位于亚拉巴马州的亨茨维尔,该公司研发的宗旨是在任何时间将飞行器或卫星送入任何轨道。与此同时，另一个互联网大亨、贝宝（PayPal）的创始人艾伦·马斯克（Elon Musk）也涉足私人航天领域，创建了著名的太空探索技术公司（Space X），主要产品为"猎鹰"系列运载火箭和"龙"式宇宙飞船，两者的完美结合使得其几乎在商业发射价格和运载能力上击败了世界上仅有的几个具有航天发射能力的国家，该公司在未来具有很强的近地轨道和地球同步轨道商业发射能力。

光 子 火 箭

光子，就是构成光的粒子。当它从火箭的尾部喷出来的时候，就具有光的速度，每秒可以达到 30 万千米。如果用光子来作为推动火箭的新能源，到达太阳的近邻——比邻星就只要 4～5 年时间。

科学家发现，宇宙中还存在着和许多粒子对应的、电荷相等而符号相反的粒子。如带正电的"反电子"、带负电的"反质子"等，这些粒子被称为"反粒子"。

如果把宇宙中存在的丰富的氢收集起来，让它和其"反物质"在火箭发动机内湮灭，产生光子流，从喷管中喷出，从而推动火箭，这种火箭就是"光子火箭"。它将达到光的速度，以 30 万千米/秒的速度前进。

虽然湮灭得到的能量十分诱人，科学家在实验室里，也已获得了各种"反粒子"，如"反氢""反氘"和"反氦"。但是，它们瞬息即逝，无影无踪。按目前的科学技术水平，不可能将它们贮存起来，更难以用于推动火箭的飞行。

但是，科学家还是乐观地认为，光子火箭的理想一定会实现。他们设想，在未来的光子火箭里，最前面的是航天员工作和生活的座舱，中间是粒子和"反粒子"的贮存舱，最后面是一面巨大的凹面反射镜。粒子和"反粒子"在凹面镜的焦点处相遇湮灭，将全部的能量转换成光能，产生光子流。凹面镜反射光子流，推动火箭前进。

推动"月亮女神"的电火箭

电火箭也是一种火箭，其作用是在飞船或人造卫星升入太空后控制飞船或人造卫星。

与常规火箭相比，电火箭的力量要小得多，它不可能去发射火箭。常规火箭的推力能达 3000 万牛，这个巨大的能量可以将成吨重的人造卫星或航天飞机送上太空。而一般电火箭的推力仅仅有 1/50 牛，这个力量就显得太小了，它只能在地面上托起一只乒乓球。但即使是这样小的力量在太空中也就足够了，因为在太空中几乎没有什么阻力。

电火箭有三种类型：第一种是最简单的是电热系统，在火箭内部装有氙一类的惰性气体，这种气体被电能加热后从喷口喷出，于是就产生了反向推力；第二种是静电系统，用电能将惰性气体推进剂离子化，然后用电场把离子化气体中带正电的离子加速并向后喷射出来；第三种是电磁系统，它的原理与静电系统相同，就是电能更大一些。

实际应用的电火箭常常是电热系统和静电系统相结合，欧洲航天局的科学家们在新的通信卫星"月亮女神"号上安装了4支电火箭。

电火箭的另一个重要应用是使人造卫星精确定位。欧洲航天局的科学家们在2000年发射了6颗人造卫星，用电火箭定位，使它们相距500万千米而位置精度达到了1厘米，科学家们对电火箭这项新技术充满信心。

1982年1月，中国第一次成功地进行了电火箭的空间飞行试验。这次试验成功，标志着中国电火箭的研制工作已经进入了一个新阶段，使中国继美、苏、日后，有了一种新型空间微推力火箭发动机。

发射电火箭，实际上是把离子加速器和发电设备搬到空间去，所以困难是相当大的。中国第一次试飞电火箭成功，说明中国在电火箭的研制中已经克服了许多技术困难，掌握了电火箭的基本规律。

众 星 行 空

1895年，火箭之父齐奥尔科夫斯基在他的《地球与天空之梦》一书中曾这样写道："设想中的人造地球卫星是同月球相似，不过它离地球比较近，只在地球大气层外足够远，也就是说，离地球 300 俄里远"。这位靠自学成才的赫赫有名的科学家不仅在世界上第一个提到"人造卫星"这个名字，发表了由他自己构思的人造卫星图样，而且还首先提出了以人造卫星为宇宙航行的中转基地，向月球和其他星球发射火箭的伟大构思。

1957 年 10 月 4 日，苏联成功发射了第一颗人造卫星，终于实现了齐奥尔科夫斯基的百年梦想，此次发射震撼了全世界，激励人们用更大的热情去探索太空，人造卫星一词也因此成了家喻户晓的一个最时髦的语言词汇。但这颗重 83.6 千克、直径 58 厘米、用铝合金制作的球状人造卫星，除了附在球上的四根弹簧鞭状的天线，人造卫星内装有一台磁强计、一台辐射计数器和一些测量人造卫星内部参数的一些传感器外，并没有装什么特别的仪器。因此，人们对人造卫星到底有哪些用途，如何造福于人类，也只是停留在设想和探索性试验阶段。

20 世纪 60 年代，科学家们为了实现卫星造福于人类的设想，开始在人造卫星上安装使用了各种特殊的仪器设备进行遥感、信息传输和收集各种探测数据的应用试验。与此同时，随着电子信息、新材料、自动化等高技术的蓬勃发展，突破了人造卫星应用领域众多的关键技术，大大地扩展了人造卫星的应用范围。

这样，从 20 世纪 70 年代以来，各国争先恐后，把开拓航天技术的重点，首先转向人造卫星应用技术的发展，逐步形成了通信、导航、气象、资源、科学、军事应用和深海探测等专用人造卫星系统。人造卫星应用技术造福于人类的作用也越来越显著。

用核能发电的人造卫星

人造卫星的工作离不开电源。迄今为止，绝大多数人造卫星的电能都来自太阳能。人造卫星带有大面积的太阳电池阵，接受太阳光照射而发电。极少数的人造卫星利用核能发电，这种人造卫星就叫作核动力人造卫星。

核电源体积小，寿命长，功率大，适应环境能力强，因此适合于少数军用人造卫星，特别适合探测外行星的空间探测器使用。

太阳系中位于地球轨道外面的行星，叫"外行星"。在外行星探测中，空间探测器离太阳远，照射到的太阳光很弱，不能产生足够的电能，必须采用核电源。美国的"海盗号"火星探测器、"卡西尼"土星探测器、"旅行者"外行星探测器以及俄罗斯的"火星-96"探测器等都使用了放射性同位素温差发电器作为电源。

美国在 20 世纪 60 年代曾发射过几颗核动力人造卫星。苏联发射较多，集中在海洋监视人造卫星。人造卫星带有以浓缩铀 235 为燃料的热离子反应堆，功率为 5～10 千瓦。卫星在 200 多千米高度的轨道上工作，完成任务后，被推到大约 1000 千米的轨道上，在那里可运行 600 年，届时核燃料将衰变殆尽，不再有放射性。1978 年 1 月 28 日，苏联"宇宙

954"号核动力人造卫星发生故障，核反应堆舱段未能升高而自然陨落，带有放射性的人造卫星碎片落在加拿大境内，造成严重污染。1983 年 1 月，"宇宙 1402"号核动力人造卫星发生类似故障，引起全球关注。后来核反应堆舱段在南大西洋上空进入大气层时完全烧毁，但未酿成祸害。为了安全有效地利用核动力源，防止核动力源对人类和环境造成危害，1992 年，联合国通过了《关于在外层空间使用核动力源的原则》，要求会员国共同遵守。

气 象 卫 星

气象同人类的生产、生活关系非常密切。农业、渔业、畜牧业等生产，航空、航海、通信业务都需要准确及时的气象预报。

在气象卫星上天之前，人们在地面设立气象站，用气球、火箭和无线电探空仪观测天气。气象站绝大多数分布在有人居住地区，海洋、高山、沙漠、两极等地区，气象站很稀少，气象观测资料不足，给准确地预报天气带来很大困难。

气象卫星的出现解决了这个困难。气象卫星上装有电视摄像机和红外辐射计，可以拍摄云的图片，测量温度、湿度、风速等各种气象参数。它既能观测大面积以至全球范围的气象资料，又能测量离地面不同高度上的气象数据。

气象卫星通常采用两种轨道。一种是高度为 $700 \sim 1500$

千米的极地轨道。它可以观测到全球的气象状况，每隔12小时巡视地球一遍，对同一地区，每天最多观察两次；另一种是静止轨道。静止轨道气象卫星始终停留在赤道某一点上空，能连续4小时监测卫星下方大片地区内的天气变化，卫星上的电视摄像每隔20分钟左右就拍摄一次云的图片。

中国已经成功发射一颗"风云"1号极地轨道气象卫星和一颗"风云"2号静止轨道气象卫星，在1999年发射了一颗改进型"风云"1号气象卫星。

由美国、日本、欧洲航天局和印度的5颗静止轨道气象卫星和2颗极地轨道气象卫星，组成了世界气象卫星观测网。利用世界气象卫星观测网的资料，可以提前1个星期预报全球的气象变化。

自从1960年第一颗气象卫星上天以来，太平洋上生成的台风从来没有漏报过，大大减少了太平洋沿岸国家人民生命财产的损失。

1981年，中国长江上游连降大雨，长江水位猛涨，要不要在荆江附近分洪，将关系到要淹掉荆江两岸60万亩良田和安排40万人搬迁的大事。后来，根据气象卫星提供的数据分析，认为未来几天天气即将放晴，可以不分洪，从而保住了60万亩良田，节约了数亿元的搬迁费用。

气象卫星还能监视森林火险。1987年，中国大兴安岭的森林发生特大火灾，就是靠气象卫星拍摄的图片来确定火场位置迅速组织抢救扑灭的。

目前，中国的极轨气象卫星和静止气象卫星已经进入业务化，在轨运行的卫星分别是"风云"1号D星（2002年发射）和"风云"2号C星（2004年发射）。中国是世界上少数几个同时拥有极轨和静止气象卫星的国家之一，是世界气象组织对地观测卫星业务监测网的重要成员。

为移动用户服务的通信卫星

移动通信卫星是通信卫星的新品种。静止轨道上的通信卫星，离地面远，发射功率还不够高，为了接收和发送无线电信号，地面上必须建造直径几十米、十几米的大天线，所以20世纪90年代以前，绝大多数通信卫星都是为地面上固定的用户进行通信服务的。如果移动用户要使用通信卫星，只有像远洋轮船这种体积较大的用户，能安装大直径的天线。所以早期的移动通信卫星叫作"海事卫星"，是专为在大海上航行的轮船与岸上之间通信用的。

随着通信卫星发射功率的增大，接收机灵敏度的提高，地面通信天线逐渐缩小，卫星移动通信的用户已扩大到飞机、火车、汽车、渔船等移动体。至于个人用的移动通信机——手机还不能直接同静止轨道上的移动通信卫星联系。它的越洋，跨国通信实际上都是经过地面台站这个"二传手"转发和接收的。

由于静止轨道卫星存在离地面远、无线电信号衰减严重、信号滞后明显、高纬度地区通信效果差等缺点，20世纪90年代以来，开始发展中高轨道和低轨道的移动通信卫星。

有一种名叫"铱"的低轨道移动通信卫星系统已经建成，即将投入商用。它由 66 颗卫星组成星座，分布在 6 个轨道面上覆盖全球。由于"铱"卫星轨道高度只有 760 千米，离地面近，用个人手持机就可以直接与卫星通信，并通过"铱"系统自己的卫星与卫星之间链路，与全球任何地点通话，从而实现全球个人移动卫星通信。

除"铱"系统以外，一种名叫"全球星"和另一种名叫"中圆轨道"的非静止轨道移动通信卫星系统也正在研制中，它们将参与个人全球移动通信卫星市场的竞争。

太空勘察员

地球资源卫星是用来勘测和研究地球自然资源的，它是应用卫星中重要的一种。目前人类面临的众多问题中，最重要的莫过于食物、环境和能源了。要解决这些问题，十分有必要依赖于航天技术。

地球资源卫星安装有各种遥感设备（包括多光谱扫描仪、可见光和红外辐射计、微波辐射计等），能获取地面各目标物辐射出来的信息，也能接收由卫星发出的经地面目标物反射的信息，并把这些信息发送给地面系统，这些信息统称为光谱特性。

地面系统对地球资源卫星进行跟踪、测量，并接收、记录和处理卫星发来的图像和数据，依用户的需要对这些资料进行加工处理，然后分送给服务系统。地质、测绘、海洋、林业、环境保护等许多部门，都需要地球资源卫星提供资料。

地球资源卫星分为两类：一是陆地资源卫星，二是海洋资源卫星。地球资源卫星一般采用太阳同步轨道运行，保证卫星对地球上的任何地点都能观测到，又能使卫星每天同一时刻飞临某个特点的地区，实现定时勘测，是一个真正的"太空勘察员"。

除专门的地球资源卫星外，气象卫星等其他遥感类卫星和航天飞机、空间站等载人航天器，也可进行地球资源的勘测工作。

地球资源卫星是1972年才开始发展起来的新型卫星，它是航天技术与遥感技术相结合的产物。美国于1972年7月3日发射了ERTS1号第一颗地球资源卫星，随后又连续发射了5颗陆地卫星和1颗海洋资源卫星。1975年11月26日，中国发射了第一颗返回式遥感卫星。到1990年，中国共发射了12颗返回式遥感卫星，回收成功率达100％，后来还发射了"资源"1号卫星。这些卫星都获得了大量地球资源勘探资料。苏联从1977年起发射了"流星"系列地球资源卫星和海洋勘测卫星。法国于1986年也发射了先进的"斯波特"商用地球资源卫星。

地球资源卫星对工农业生产和地质、水文、海洋、矿藏、环境监测、生态平衡和预防自然灾害都有巨大作用。比如用飞机进行航空测量中国领土一遍，需拍150万张照片，费时10年；而用地球资源卫星测绘，则只需约500张照片，几天就可完成。要把整个地球测量一遍，也只不过需要18天就可完成，一个星期就可拍摄和积累地面景物照片 1 万张。地球资源卫星可以寻找矿藏和油田，找水和查火，预报农作物病虫害和产量，查清牧草分布和浮游生物的分布与密度。目前，全世界有 100 多个国家和地区利用这种卫星的遥感资料，发现了许多重要的矿藏和水利资源。

1999 年 10 月，中国和巴西联合研制的第一颗数字传输对地遥感卫星——"资源" 1 号 01 卫星发射成功。星上装有 5 谱段 CCD 相机、4 谱段红外多光谱扫描仪、2 谱段宽视场成像仪等。继"资源" 1 号 01 卫星发射成功后，2003 年 10 月，中国又与巴西合作研制发射成功了"资源" 1 号 02 卫星。这两颗卫星的研制和发射成功，填补了我国资源卫星的空白，卫星数据广泛应用于农业、林业、水利、矿产、能源、测绘和环保等众多领域，取得了显著的应用成果，被誉为"南南合作"的典范。

2000 年 9 月，中国自行研制的中国"资源" 2 号 01 卫星发射成功，此后，又分别发射成功 02 卫星和 03 卫星，其分辨率比"资源" 1 号系列卫星更高，而且形成了三星联网，表明中国卫星研制技术实现了历史性跨越。

在资源系列卫星发射成功的同时，2002 年 5 月，中国发射成功了第一颗海洋水色水温监测卫星——"海洋" 1 号卫星；2006 年 4 月，又发射成功了首颗微波遥感卫星——"遥感卫星" 1 号等。这些遥感卫星的主要技术指标均达到 20 世纪 90 年代的国际水平。目前，中国已经建成了中国科学院遥感卫星地面接收站、卫星气象应用中心、卫星海洋应用中心和中国资源卫星应用中心。中国的卫星遥感应用已经涵盖了气象、海洋、陆地三大领域。遥感技术成了许多业务运行系统的重要技术支撑。

可重复使用的航天飞机

　　航天飞机是可以重复使用的、往返于地球表面和近地轨道之间运送人员和货物的飞行器。它在轨道上运行时，可在机载有效载荷和乘员的配合下完成多种任务。航天飞机通常设计成火箭推进式，返回地面时能像常规飞机那样下滑和着陆。航天飞机为人类自由来往太空提供了一种极佳的运载工具，是航天史上的一个重要里程碑。

　　航天飞机的飞行轨道通常是近地轨道，高度在1000千米以下。如果有需要在高轨道运行的有效载荷，可以由航天飞机被送上近地轨道后再从这个轨道发射进入高轨道。航天飞机的运载能力较强，往往采用多级组合的形式，可以串联或并联，也可以串、并联结合。

　　航天飞机进入轨道的部分叫作轨道器，它具有一般航天器所具有的各种系统，可以完成多种功能，包括人造地球卫星、货运飞船、载人飞船甚至小型空间站的许多功能。它还可以完成一般航天器所没有的功能，如向近地轨道释放卫星、向高轨道发射卫星、从轨道上捕捉、维修和回收卫星等。

　　到目前为止，世界上只有美国的航天飞机真正投入使用。美国于 1972 年开始研制可部分重复使用的航天飞机。1981 年 4 月，世界上第一架航天飞机"哥伦比亚"号试飞成功，1982 年 11 月首次正式飞行，以后又相继建造了"挑战者"号、"发现"号、"亚特兰蒂斯"号和"奋进"号航天飞机。

航天飞机除了充当运载工具或短期空间试验平台外，还具有重要的军事用途。它可在空间发射和部署通信、导航、侦察等军用卫星，在轨道上维修卫星和把卫星带回地面，也可以攻击或捕获敌方卫星、实施空间救生和支援、进行空间作战指挥和发射轨道武器等。

往返天地的空天飞机

空天飞机是航空航天飞机的简称。它既可以航空，在大气里飞行；又可航天，在太空中飞行，是航空技术与航天技术高度结合的飞行器。

和航天飞机相比，空天飞机更多地具有飞机的优点。它的地面设施简单，维护使用方便、操作费用低，在普通的大型机场上就能水平起飞和降落，就连它的外形也酷似大型客机。它以液氢为燃料，大气层内飞行时，可以充分利用大气中的氧气。加之它可以重复使用，真正实现了高效能和低费用。

研制空天飞机最关键的技术是动力装置。它的动力装置

第六章　航空航天技术

必须能在极广的范围内工作，即从起飞时速度为零，到进入太空轨道时的超高速度范围内都能正常运行。这就要求它的动力装置具有两种功能：一种是火箭发动机的功能，用于大气层外的推进；另一种就是吸气式发动机的功能，用于大气层内的推进。吸气式发动机工作时，利用冲压作用对空气进行压缩液化，为其提供液氢燃料。

空天飞机采用航空喷气发动机和火箭发动机两种推进系统，它可以方便地往返于天地之间，是"空"与"天"的完美结合。它有异乎寻常的性能，最高时速达3万千米，可绕地球无动力飞行；飞行高度由零高度可直达200千米以上；起降方便，不受发射地点和天气的限制；维修简便，不必再像航天飞机那样飞行一次需要三个多月的检修期，临发射还要出动7000人的保障大军为之准备。飞行后检查和准备也很容易，结构巧妙，彻底抛掉了大包袱似的外贮箱和助推器等外挂物，便于轻装上阵，便捷迅速；一机多用，既可载人又可载物，又可无人驾驶入轨与空间站对接；它的发射费用要比航天飞机便宜十分之九，而且不需要规模庞大、设备复杂的航天发射场。

可以预料，在21世纪初，空天飞机一旦研制成功，航天飞机将会被它完全代替，而地球上任何两个城市间的飞行时间都不会超过2小时。